Dominique Görlitz

Ungelöste Rätsel der Entdeckergeschichte

Kam Kolumbus 15.000 Jahre zu spät?

Inhaltsverzeichnis

Neuausgabe der 2. Auflage, Oktober 2017 © Dr. Dominique Görlitz
Ancient Mail Verlag Werner Betz, Europaring 57, D-64521 Groß-Gerau
Tel.: 00 49 (0) 61 52/5 43 75, Fax: 00 49 (0) 61 52/94 91 82
www.ancientmail.de, Email: ancientmail@t-online.de
ISBN 978-3-95652-227-7

Vorwort

Der Anblick eines Erdglobusses weckt bei vielen Menschen Fernweh und Abenteuerlust. Jeder interessierte Betrachter wird immer wieder über die Kugelgestalt der Erde, die grafische Feinheit, die gegenseitigen Lagebeziehungen der Kontinente aber auch die komprimierte und zugleich vereinfachte Darstellung der Küstenlinien, Flüsse, Seen sowie deren Beschriftung fasziniert sein; die Welt, wenn auch stark verkleinert, aber trotzdem dem Maßstab entsprechend genau, liegt in unserer Hand. Solch eine Abbildung in Form eines Globusses hat auch heute ihren Ehrenplatz in Konferenzräumen, in Arbeitszimmern und selbst in unserem Wohnumfeld.

Die Kugeldarstellung wurde zuerst in der Antike in Form eines Himmelsglobusses genutzt. Der Erdglobus entstand, als der Nürnberger Martin Behaim – ein Kaufmann, Kosmograph und Kartograph – 1492 seine Idee, eine verkleinerte Darstellung unseres Planeten herzustellen, verwirklichte. Behaim wirkte zu dieser Zeit sehr erfolgreich in Lissabon bei der nautischen Ausbildung von jungen Seeoffizieren und beteiligte sich an Entdeckungsfahrten – wahrscheinlich unter Diego Cão – nach Südafrika (Bürger, Klaus: Biographien hervorragender Naturwissenschaftler, Techniker und Mediziner, Christoph Kolumbus; Band 39; Teubner Verlagsgesellschaft 1983, 24). Vom portugiesischen König erhielt er den Auftrag zur genauen Bestimmung der geographischen Breite seines Landes. Das waren alles gute Voraussetzungen für eine neue Art, die Erdoberfläche und die Ozeane dreidimensional darzustellen.

Schnell kamen in den kommenden Jahren weitere Exemplare des Globus bei vielen Fürstentümern und europäische Handelshäusern in Mode und Gebrauch. So ist es nicht verwunderlich, dass sich auch im Gothaer Schloss Friedenstein ein kleiner, von Meisterhand geschaffener Marmorglobus im Fundus befindet. Wer ihn schuf und woher er stammt ist leider unbekannt.

Dominique Görlitz, ein profunder Forscher auf dem Gebiet der Experimentalarchäologie, spürte dort in einer Vitrine diesen Globus auf. Mit Forscherdrang untersuchte er diesen Globus und fand erstaunliche Inhalte: Man kann auf ihm die Antarktis mit äußerst genauen Küstenlinien erkennen, welche heute überwiegend vom Eis überdeckt sind, und die sog. „Drachenschwanz-Darstellung" mit den Küsten Amerikas, die die Westküsten von Nord- und Mittelamerika mit Asien verbunden zeigen, wobei Südamerika mit einer unglaublichen Genauigkeit eingetragen wurde.

Der Forscher Görlitz sucht schon über viele Jahre nach Hinweisen auf prähistorische Bootsfahrten zwischen der Neuen und der Alten Welt, lange vor unserer Zeitrechnung. Auf dem Marmorglobus fand er eine Schiffsdarstellung, die denen auf frühägyptischen Felszeichnungen ähneln. Im Detail solcher vorgeschichtlicher Schiffsdarstellungen hat er sogenannte „Seitenschwerter" ausgemacht und diese mit dem Schilfboot ABORA III auf Funktionstüchtigkeit geprüft. Die Anwendung dieser prähistorischen Segeltechnik war ein voller Erfolg. Sie erlaubte auch ein Segeln gegen den Wind.

Bei der wissenschaftlichen Zusammenarbeit mit der „Mercator-Forschungsgruppe e.V. Königsbrunn", die sich mit dem weltweiten Seehandel süddeutscher Kaufleute an der Schwelle zur Neuzeit und damit verbundener archäologischer Unterwasserdokumentation befasst, wurden Erfahrungen ausgetauscht und wertvolle Erkenntnisse zum beiderseitigen Nutzen gewonnen.

Lassen Sie sich in die historische Seefahrt führen: Ein Globus, alte Seekarten und schließlich das Projekt der experimentellen Archäologie mit der ABORA III veranlassten den Autor zu dieser Publikation, der wir mit Respekt und Hochachtung begegnen.

Hans-Jürgen Steinbrück
Erfurt, im März 2011

Muss die Geschichte der Entdeckungen neu geschrieben werden?

Die Erforschung der Kartographie berührt viele Gebiete der Wissenschaft. Auch die Geschichte der Seefahrt und der Astronomie. Denn von dem Moment an, als der Mensch gelernt hatte, steuerbare Hochseeschiffe zu bauen, waren seine Wege frei und er musste lernen, sich auf der Weite des Ozeans zu orientieren.

Wie viel oder wie wenig die Menschen vergangener Epochen über die Geographie der Kontinente und ihrer Meere wussten, wird beim Studium der mittelalterlichen Kartographie offenbar. Heute werden die Karten aus dem 14. und 15. Jahrhundert häufig als „Erzeugnisse" des unaufgeklärten Endes des Mittelalters betrachtet. Sie sind für viele Menschen lediglich als historische Dokumente von Interesse. Deshalb werden die dargestellten Inhalte zumeist nicht ernst genommen oder man sieht in ihnen nur die schweren Irrtümer, die später durch das „wahre" geographische Wissen korrigiert wurden. Aus diesem Grund macht es scheinbar überhaupt keinen Sinn, sich mit diesen Dokumenten wissenschaftlich auseinanderzusetzen. An dieser Stelle muss der Autor dem Leser eingestehen, dass er über viele Jahre genau diese Meinung vertrat. Daher schlug er die zahlreichen Hinweise und Ratschläge von Freunden, insbesondere aus Gotha und Erfurt, sprichwörtlich in den Wind, sich detailliert mit der Gothaer Kartographiegeschichte auseinander zu setzen. Für den Autor hatten die altehrwürdigen Karten allenfalls dekorativen, aber keinen wissenschaftlichen Wert für die Erforschung der Seereisen vor Kolumbus. Der Umstand, dass die wissenschaftliche Kartographie scheinbar erst nach der Wiederentdeckung Amerikas ihren großen Aufschwung erhielt, war für den Autor ein weiterer Grund, dieses Wissenschaftsgebiet zu meiden.

Dass sich der Autor mit dieser Einstellung eine wichtige Quelle der frühen Entdeckungsfahrten vor Kolumbus entzog, ist nur ein Argument, sich künftig intensiver mit der Kartographiegeschichte zu befassen. Dabei haben sich die Kartographen von Anfang an um größtmögliche Genauigkeit in ihren Karten bemüht. Schließlich dienten diese Karten den frühen Entdeckern als unerlässliche Orientierungshilfen, nicht auf gefährliche Riffe zu fahren oder an steilen Klippen zu zerschellen. Das Hauptmotiv, das allen Bemühungen um exakte Kartographie vorausging, war die Suche nach neuen Handelspartnern und Handelswegen. Dass diese Motivation viel älter als die spät einsetzende neuzeitliche Ära der Entdeckungsfahrten ist, billigen nur wenige Wissenschaftler zumindest den phönizischen und griechischen Seefahrern zu. Diese haben, historisch nachweisbar, ihre Schiffe bereits vor der Zeitenwende auf die Weiten des Atlantiks gesandt. Älteren Kulturen jedoch, spricht die moderne Altertumsforschung jegliche Fernhandelsaktivitäten und Entdeckerfreude auf dem Atlantik ab. Man ist der Meinung, dass sowohl deren Schiffe als auch deren Gesinnung den maritimen Herausforderungen auf den Weltmeeren nicht gewachsen waren.

Dass diese Anschauung jeglichen Tatsachen und Indizien widerspricht, ist ein wichtiges Anliegen dieser Forschungsarbeit. Aus diesem Grund soll dieser Beitrag einladen, sich auf eine Reise in die frühe Geschichte der Kartographie zu begeben. Gleichzeitig soll diese Arbeit auf eine Reihe anderer Autoren hinweisen, die dieses spannende Thema schon vor langer Zeit für sich eroberten und auf die sich der Autor im Folgenden beziehen durfte. Der Exkurs in die Kartographiegeschichte wird dokumentieren, dass die Menschen der Frühzeit bereits über umfängliches geographisches Wissen verfügten und zu einem viel früher geglaubten Datum bemüht waren, die Erde zu kartographieren. Die Entdeckungsfahrten von Christoph Kolumbus stellen nicht den Anfang, sondern nur die Fortsetzung viel älterer Erkundungsfahrten dar, deren Wissen im Laufe der Zeit verloren gegangen ist.

Die vier großen kartographischen Rätsel der Weltgeschichte

Die Geschichte unserer eigenen, neuzeitlichen Kartographie beginnt eigentlich erst relativ spät im Zuge der so genannten europäischen Entdeckungsreisen. Dabei haben sich vier Kartenwerke einen besonderen Ruf als „Rätsel der Kartographie“ erworben:

- **die Waldseemüller-Karte von 1507** zeigt zum ersten Mal den amerikanischen Doppelkontinent und den Pazifik. Damit bricht sie das alte Ptolemäische Weltbild auf und zeigt die Welt in ihrer ganzen Größe.
- **die Piri-Reis-Karte von 1513** zeigt erstmals das Königin-Maud-Land der Antarktis ohne die Drakestraße.
- **die Finaeus-Karte von 1531** stellt erstmals die Antarktis komplett 250 Jahre vor ihrer Entdeckung dar.
- **der Gothaer Marmorglobus von 1533** stellt ebenfalls die Antarktis dar und zeigt eine detailgetreue Darstellung Südamerikas mit der richtigen Nordostausrichtung des Amazonas.

Diese vier kartographischen Werke verblüffen uns durch ihren Gesamteindruck, indem sie Kenntnisse über eine Welt veranschaulichen, die man zu dieser Zeit eigentlich noch gar nicht besitzen konnte – zumindest nicht nach dem Stand der heutigen Geschichtsschreibung.

Alle vier kartographischen Werke aus dem frühen 16. Jahrhundert geben uns Rätsel auf. Die großen Kontinente sind in ihrer nahezu richtigen Lage gezeichnet und sie sehen zudem erstaunlich modern aus. Man sollte erwarten, dass spätere Karten diese Darstellungsweise noch erheblich verbessern. Doch hierin liegt eines der großen Rätsel der Kartographiegeschichte, denn dem ist nicht so! Ob es Kommunikationsschwierigkeiten

oder Probleme bei der Beschaffung gezielter Informationen waren, es sollten noch bis zu 250 Jahre vergehen, ehe die europäischen Kartographen die Antarktis mit der Exaktheit darstellten, wie es die Finaeus-Karte bereits 1531 offenbarte. Lagen den frühen Kartographen unbekannte antike, vielleicht sogar prähistorische Quellen vor?
Wie sonst ist der Umstand zu erklären, dass die Kartographen unmittelbar nach der Entdeckung der Neuen Welt die Westküste Südamerikas darstellten, obgleich europäische Seefahrer deren Küstenverlauf erst Jahrzehnte später erkundeten? Möglicherweise werden diese Hypothesen bereits wieder in den nächsten Jahren durch völlig neue Forschungen widerlegt. Doch nach dem gegenwärtigen Wissenstand klafft eine große Lücke zwischen den frühen kartographischen Darstellungen und den tatsächlich verbürgten Entdeckungsreisen der Portugiesen und Spanier. Hierin liegt die Faszination des Studiums der Anfänge der europäischen Kartographiegeschichte, weil sie eventuell einen Hinweis von Beweisbarkeit liefert, dass die Entdeckergeschichte möglicherweise ganz anders verlief.

Fig. 1: Die Waldseemüller-Karte aus dem Jahr 1507. Sie stellt erstmals die Neue Welt als eigenständige Landmasse mit dem Pazifik dar.

Fig. 2 & 3: Die Finaeus-Karte aus dem Jahre 1531 (links). Sie stellt erstmals die Antarktis dar. Gegenüber der Marmorglobus aus Gotha aus dem Jahr 1533 (rechts) mit einer ebenso realistischen Antarktisdarstellung.

VVLTVRNVS
SVBSOLANVS

Fig. 4: Die Piri-Reis-Karte mit der frühesten bekannten Darstellung der Antarktis. Sie stammt aus dem Jahr 1513 und wurde in Konstantinopel gefunden.

Die Morgenröte der europäischen Kartographie

Eigentlich sind wir über die europäischen Entdeckungen in Amerika recht gut informiert. Erinnert sei nur an:

- die Entdeckung Amerikas durch Kolumbus 1492
- die Befahrung des Golfs von Mexiko durch Amerigo Vespucci 1498
- die Auffindung des Stillen Ozeans durch Bilbao 1513
- die erste maritime Weltumrundung in der Neuzeit durch Magellan 1519–1521
- Valdivia – er gelangte zwischen 1541–1552 bis zum 43° s. B.
- oder die Befahrung der W-Küste Amerikas durch Francis Drake im Jahre 1579

Damit waren aber bei Drakes Expedition bereits 72 Jahre seit der Anfertigung der Waldseemüller-Karte vergangen! Die Geschichte der Entdeckungsreisen hilft deshalb nicht besonders weiter. Um Antworten auf die Kartenrätsel zu finden, muss man sich in die Zeit und den Geist jener Epoche versetzen. Bis ins frühe Mittelalter vertrat der westliche Kulturkreis ein ganz anderes Weltbild basierend auf dem christlichen Glauben, das Jerusalem in das Zentrum der Welt stellte. Die sich herausbildende christliche Lehre verwarf mit dem Heidentum der antiken Welt auch einen großen Teil des geistigen und kulturellen Vermächtnisses der Antike. In den frühen Jahren der Ausbreitung und Durchsetzung des Christentums vertrat die kirchliche Lehre die Ansicht, dass es besser sei, sich mit dem „wahren" Glauben als mit der Erforschung der Natur zu beschäftigen. Damit fiel der größte Teil des geographischen Wissens, das griechische und römische Kosmographen zusammengetragen haben, in Europa fast vollständig in Vergessenheit. Das einzige, was davon erhalten blieb, war die Erinnerung an die aristotelische Geographie, dass der Atlantik kein Strom ist, der die Erde umströmt, sondern ein unermesslich großes offenes Meer (Johnson 1994, 34).

Neben der Dominanz der Kirche mit all ihren Instrumenten, den Wissensdrang der Menschen einzudämmen, gab es noch einen weiteren Grund, warum die geographischen Kenntnisse der Antike in Europa verloren gingen: Die kosmographischen Werke waren alle in Griechisch verfasst. Im Mittelalter konnten selbst unter den gebildetsten Gelehrten nur die wenigsten Griechisch lesen. So kam es, dass viele fortschrittliche und aus heutiger Sicht modern anmutende Erkenntnisse der Antike, wie z.B. die Kugelgestalt der Erde oder die richtige Berechnung des Erdumfanges, für europäische Gelehrte und Seefahrer verloren gingen.
Glücklicherweise wurde dieses Wissen in anderen Ländern bewahrt und fiel nicht der Vergessenheit zum Opfer. Heutigen Europäern ist vielfach nicht bewusst, dass die wissenschaftlichen und geographischen Kenntnisse der Antike durch islamische Gelehrte am Leben gehalten und sogar ausgebaut worden sind. Die islamischen Denker waren nicht durch ideologische Konflikte behindert. „Ihre Theologie lebte in friedlicher Koexistenz mit der griechischen Wissenschaft und Philosophie sowie mit christlichen und jüdischen Glaubensinhalten. Für sie war alles Wissen eine ‚Kontinuität göttlicher Inspiration unter den Nachkommen des Propheten'"(Johnson 1994, 41).
Vom siebten bis zwölften Jahrhundert stellten die Araber die bedeutendsten Mathematiker, Astronomen und Kartographen im Okzident. Um etwa 1.200 n.Chr. kam dieses Wissen mit der Ausbreitung der islamischen Religion allmählich wieder nach Europa, insbesondere nach Spanien, zurück. Die Stadt Toledo avancierte nach der Eroberung durch die Mauren in Kastilien zum westlichen Zentrum der islamischen Wissenschaft. Dort entstanden die ersten lateinischen Übersetzungen der arabischen Abhandlungen und der griechischen Klassiker. Dennoch dauerte es noch eine ganze Weile bis das Wissen der arabischen Gelehrten Einzug in die europäische Welt hielt. Man sollte sich vor Augen führen, dass der prägende Einfluss der Ptolemäischen Lehre auf die europäische Kartographie erst wirksam wurde, nachdem der byzantinische Gelehrte Manuel Chrysoloras (ca. 1350–1415) die Werke des Ptolemäus ins Lateinische übersetzt hatte.

Fig. 5: Ulmer Ausgabe der Ptolemäus Karte aus dem Jahr 1482. Sie zeigt die Welt, wie sie im 2. Jahrhundert bei den Römern bekannt war. Ptolemäus wusste bereits, dass sich Afrika viel weiter nach Süden erstreckt. Er ließ sich jedoch nicht zu Spekulationen hinreißen, obgleich er im Südosten von Afrika eine unbekannte riesige Landmasse andeutet und den Indischen Ozean als Binnenmeer deklariert. Bereits im 6. Jahrhundert v.Chr. hatte eine phönizische Expedition im Auftrag des Pharaos Necho II. Afrika umrundete. Somit musste die tatsächliche Ausdehnung Afrikas unter Kartographen schon in der Antike bekannt gewesen sein.

Die allmähliche Rückbesinnung auf das alte geographische Wissen der Antike stellte ab dem 15. Jahrhundert allmählich das christliche Weltbild in Frage. Gleichzeitig prägte die Ptolemäische Kosmographie die Grundanschauungen der europäischen Kartographen, die damit ein Weltbild schufen, das auf den fast 1.500 Jahre alten Vorstellungen und Erkenntnissen der römischen Antike beruhte.

Die erstaunlichen Erkenntnisse der Antike über das Antlitz der Welt

Die Frage nach der Natur des Universums und der Gestalt der Erde ist so alt wie die Menschen selbst. Erst mit dem Aufschwung der großen Zivilisationen des Altertums erhält man eindeutige schriftliche und teilweise bildliche Belege, welche Anschauungen mesopotamische oder ägyptische Gelehrte über den Ursprung der Welt und ihrer Gestalt vertraten. Diese Vorstellungen waren aus unserer Sicht sehr religiös geprägt. Dennoch vertraten sie das uralte humanistische Konzept, die Welt entdecken und auch verstehen zu wollen. Die Ausgrabungen im Zweistromland belegen, dass die ältesten kartographischen Darstellungen der Menschheit scheinbar in diesem Kulturraum entstanden. Sie zeigen mit dem kreisrunden T-O-Kartentyp in der Tat einen sehr alten Typus einer kartographischen Darstellung. Außerdem sind Handelstexte erhalten geblieben, die eindeutige geographische Hinweise von der Lage und Entfernung bestimmter Länder beschreiben, zu denen mesopotamische Kaufleute teilweise Monate per Schiff unterwegs waren (Oppenheimer 1954). Mit der Ausbreitung der vorderorientalischen Glaubensvorstellungen und des Kulturguts in den Mittelmeerraum erhielten sie auch Einzug in die frühe sich herausbildende griechische Kultur.

Sehr früh wurden die altvorderen Konzepte adaptiert und weiterentwickelt. Dabei bildeten sich sehr schnell zwei Strömungen der antiken Kartographie heraus: die astronomisch-empirische sowie die philosophische Kartographie, welche die ältere ist (Johnson 1994, 18ff). Seit der griechischen Antike haben die Philosophen immer wieder Spekulationen über die physikalischen, mathematischen und astronomischen Aspekte des Universums und der Welt angestellt. Anaximander von Milet (ca. 610–560 v. Chr.) glaubte, dass die Erde eine Scheibe sei und bewegungslos im Wasser schwimme. Diese Vorstellung erinnert an das Urhügelmotiv, bei dem die Ur-Erde aus dem Meer aufsteigt.

Diese Vorstellung war früher sowohl bei den Sumerern als auch Ägyptern verbreitet. Die frühen Griechen übernahmen die alte Vorstellung, dass die Erde von den anderen Himmelsgestirnen umkreist würde und der Mittelpunkt des Universums sei.

Der erste kühne Denker, der die Jahrtausende alten Konzepte in Frage stellte, war Pythagoras. Er erkannte bereits im 6. Jahrhundert v. Chr., dass die Erde keine flache Scheibe ist. Für ihn hatte die Erde eine sphärische Gestalt. Demnach müsse sie eine Kugel sein. Allerdings war Pythagoras noch nicht in der Lage, seine Hypothese naturwissenschaftlich zu beweisen. Er begründete seine Anschauung auf philosophischen Betrachtungen, „weil die Kugel die vollkommenste Gestalt ist…“.

In den folgenden Jahrhunderten wurde die These von der Kugelgestalt der Erde von allen Philosophen und Gelehrten in Griechenland akzeptiert. Erst Aristoteles (382–336 v. Chr.) war in der Lage, diese Theorie durch empirische Beobachtungen zu beweisen. Dafür suchte er nach physikalischen Belegen, die er durch Beobachtungen und Messungen gewann. In seiner Abhandlung „Über den Himmel“ begründet Aristoteles seine Annahme der Kugelgestalt mit der stets unveränderlichen Kreisform des Erdschattens bei Mondfinsternissen und mit den Gesetzmäßigkeiten bei der Veränderung des Sternabstandes in Abhängigkeit von der geographischen Höhe des Beobachtungsstandortes (Johnson 1994, 20). Diese Entdeckungen läuteten eine neue Ära der griechischen Kartographie ein.

Ein weiterer griechischer Kartograph bedarf besonderer Erwähnung. Er ging in der empirischen Kartographie noch einen Schritt weiter und leistete epochale Vorarbeit zur Erforschung der Geographie der Erde. Dieser Gelehrte war Eratosthenes. Er lebte im 3. Jahrhundert v. Chr. und war als Mathematiker und Astronom an der berühmten Bibliothek von Alexandria tätig. Sein großes Werk bestand in der sehr genauen Bestimmung des Erdumfangs.

Für die Bestimmung des Erdumfanges maß er an zwei Orten mit unterschiedlicher geographischen Breite und gleicher geographischen Länge am selben Tag des Jahres die mittägliche Höhe des Sonnenstandes. Dazu wählte er einen tiefen Brunnen in Syene

(Assuan) und einen Obelisken in Alexandria aus. Er maß den Schatten am Obelisken genau am Tag der Sommersonnenwende um die Mittagsstunden, während in Assuan das Licht der Sonne genau senkrecht in den Brunnen fiel. Die Entfernung zwischen beiden Orten war zu dieser Zeit sehr gut bekannt. Aus dem Schatten des Obelisken und dem Winkel der Sonnenstrahlen zum Obelisken ließ sich der Umfang der Erde berechnen. Der Winkel betrug 7,2° – also einem fünfzigstel eines Kreises von 360°. Demnach entsprach die Entfernung zwischen Alexandria und Assuan, wo die Sonne an diesem Tag senkrecht stand, einem Fünfzigstel des Erdumfanges. Aus diesem Wert ermittelte Eratosthenes einen Erdumfang von 250.000 bzw. 252.000 Stadien. Das Stadion ist ein altes griechisches Längenmaß, das 125 Schritten oder 182,7 Metern

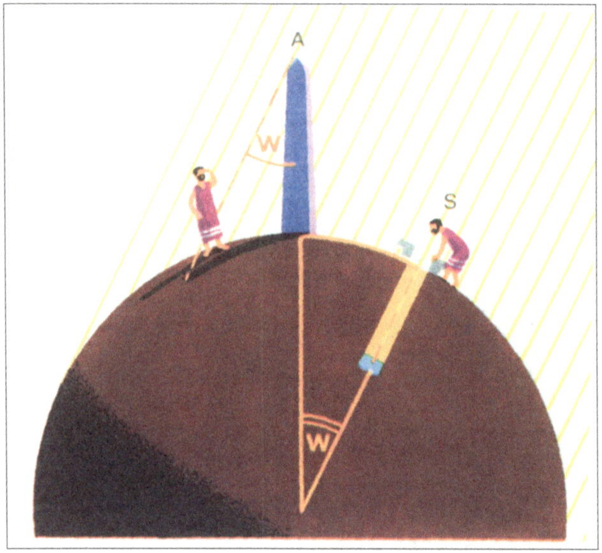

Fig. 6: Darstellung des Prinzips der Erdumfangberechnung durch Eratosthenes von Alexandria.

entspricht. Dass es zwei Maßangaben gibt, liegt an dem Umstand, dass heute keiner mehr weiß, ob Eratosthenes das olympische oder attische Fußmaß zur Umrechnung der Stadien in Fuß verwendete. Daher kommen die beiden Rechenwerte von 39.375 bzw. 42.336 Kilometer zu Stande. Unabhängig von den Unklarheiten bei der Umrechnung hat Eratosthenes einen sehr viel genaueren Wert als Aristoteles ermittelt, der von 400.000 Stadien Umfang ausging (Johnson 1994, 21).

Eine Reihe bedeutender griechischer und römischer Gelehrter akzeptierten die Berechnungen von Eratosthenes. Zwei der bedeutendsten waren Plinius der Ältere und Hipparch von Nikaia (ca. 167–127 v. Chr.). Allerdings folgten nicht alle Gelehrten und Astronomen den Berechnungen von Eratosthenes, was, wie im Folgenden noch zu sehen ist, zu schwerwiegenden Konsequenzen führte.

Einer der wichtigsten Kritiker und zugleich von allen Autoritäten als der bedeutendste Kartograph der Klassischen Antike tituliert war der Geograph Ptolemäus. Über sein Leben ist wenig bekannt. Was man weiß ist, dass er im zweiten Jahrhundert n.Chr. wirkte und wie Eratosthenes in Alexandria lebte. Dieser Umstand allein besagt eine Menge, denn Alexandria war nicht nur der kulturelle Mittelpunkt der hellenischen Welt, sondern auch noch Sitz des Wissens der untergegangenen Pharaonenkultur, die in ihrer berühmten Bibliothek das gesamte Wissen der vergangenen Jahrhunderte, vielleicht sogar Jahrtausende, in ihren Beständen beherbergte. So hatte er nicht nur Zugriff auf die Erkenntnisse seiner Vorgänger, wie Eratosthenes, sondern Alexandria lag auch im Schnittpunkt der wichtigsten antiken Handelsrouten. Damit hatte Ptolemäus, wie bereits Eratosthenes 400 Jahre zuvor, ständig direkten Zugang zu den neuesten Nachrichten über ferne Länder, die er mit den vorhandenen vergleichen und gegebenenfalls ergänzen konnte. Aus diesem Wissen stellte er einen Atlas aus 27 Karten zusammen, der in der antiken Welt bis dahin seinesgleichen suchte. Er enthielt eine Weltkarte (Fig. 5) und 26 Karten verschiedener Regionen. Die Hauptkarte war bereits in der fortschrittlichen Kegelprojektion entworfen. In acht Büchern beschrieb er die mathematischen Kenntnisse

der Breiten- und Längenmaße von 8.000 geographischen Orten sowie ausführliche Abhandlungen über die Techniken der Kartographie, Astronomie und Mathematik.
Bis ins 16. Jahrhundert bestimmte das Ptolemäische Werk das Denken und die Vorstellungen der europäischen Kartographen. Sie folgten Ptolemäus' Auffassung, dass sich die bekannte Welt in einer Landmasse von den westlichen Ausläufern Europas bis zu den östlichen Grenzen Asiens erstreckt. Dazwischen und rundherum liegt ein Ozean. Mit Sicherheit war die Weltkarte des Ptolemäus ein Werk mit sensationeller Weltsicht, das über 1.500 Jahre lang die Vorstellung über die Geographie unseres Planeten prägte. Kartographen, wie Martin Waldseemüller und Piri Reis, entnahmen viele Teile aus der Ptolemäus-Karte. Vor allem über Gebiete, für die sie keine neuen Informationen bekommen konnten. Darin lag aber ein Problem. Denn bereits im 14. Jahrhundert wusste man, dass auch Ptolemäus Irrtümer unterlaufen waren. Das große Problem bestand in der zu gering veranschlagten Größe der Erde und ihrer drei damals bekannten Kontinente. Ptolemäus veranschlagte den Umfang der Erde auf nur 180.000 Stadien, weil er nicht den Berechnungen von Eratosthenes, sondern des Astronomen Poseidonios von Syrakus (ca. 131–51 v. Chr.) vertraute.
Obgleich Poseidonios angeblich auf die Strecke von 240.000 Stadien kam, wie von Strabon berichtet, übernahmen fast alle den von Poseidonios ermittelten Wert von nur 180.000 Stadien. Man vermutet, dass dieser Unterschied auf einer späteren falschen Neueinschätzung der Entfernung zwischen Rhodos und Alexandria beruhte. Der neu berechnete Wert wurde – obwohl er falsch war – später von den meisten Gelehrten allgemein anerkannt. Er betrug ca. 28 Prozent weniger als der von Eratosthenes berechnete Erdumfang. Die unzutreffende Berechnung des Erdumfanges und die Leugnung der älteren, aber genaueren Berechnung von Eratosthenes waren nicht nur von akademischem Interesse, sondern hatten weitreichende Folgen für die spätere Erkundung des Atlantiks. Es ist zu vermuten, dass auch Kolumbus die Ptolemäus-Karte als Vorlage nahm, westwärts nach Indien zu segeln. So berechnete er auf der Grundlage des falschen Maßstabs

die Entfernung über den Atlantik zu kurz! Daher glaubte er nach seiner ersten Atlantiküberquerung, endlich im sagenumwobenen Land Zipangu (Japan) angekommen zu sein. Auch auf den nächsten Reisen missverstand er die Welt, die er vorfand. Kolumbus dachte, die Ostindischen Inseln entdeckt zu haben. In Wirklichkeit erreichte er die Westindischen Inseln. Er bestritt sogar bis zu seinem Tode die Existenz des 4. Erdteils. Damit kann er zumindest nicht akademisch als Entdecker Amerikas gelten.

Kolumbus war aber nicht der einzige Entdecker, der bei seinen Vorbereitungen den Fehlberechnungen von Poseidonios unterlag. Fast 40 Jahre nach der Entdeckung Amerikas brach Magellan mit der gleichen Fehleinschätzung für seine Weltumseglung auf. Das wirft ein beträchtliches Bild darauf, wie wenig man von den eigenen Entdeckungen begriffen oder besser gesagt, wie wenig Details man von der Neuen Welt bis dahin zusammengetragen hatte. Es dokumentiert zugleich, wie arrogant bereits nachfolgende römische Geographen mit den exakten Erkenntnissen des griechischen Gelehrten Eratosthenes umgingen. Somit besteht ein beträchtlicher Grund, zu vermuten, dass die Übernahme des falschen Wertes für den Erdumfang nicht nur auf Übermittlungsschwierigkeiten zwischen Poseidonios und seiner Arbeitskollegen, sondern auch kultureller Differenzen zwischen griechischen und römischen Gelehrten beruhte.

Aus diesem Grund ist es nicht verwunderlich, dass auch bei Gelehrten der frühen Neuzeit auf keiner Karte weder die neue Landmasse Amerika noch der neue Ozean auftauchten. Plötzlich veröffentlichten die beiden Gelehrten Martin Waldseemüller und Mathias Ringmann vom Gymnasium Vosagense in St. Dié 1507 eine Weltkarte, die erstmals einen neuen Erdteil mit einem bis dahin völlig unbekannten Ozean zeigte. Sie erschien mehr als 14 Jahre vor der Weltumseglung durch die Magellan-Expedition (1519–1521).

Die Sensation der frühen Neuzeit: die Waldseemüller-Karte

Die Waldseemüller-Karte bricht zum ersten Mal in der Geschichte der Kartographie der Neuzeit mit dem Ptolemäischen Weltbild, denn es fügt dem verlorengegangenen Weltteil die fehlende Hälfte wieder an. Die Karte zeigt erstmals den Pazifik und die südostasiatischen Inseln einschließlich Japan (Zipangu) in beinahe richtiger Lage und Gestalt. Auch die westlichen Küsten Südamerikas sowie die prinzipielle Gestalt des Doppelkontinentes werden zum ersten Mal in der Karte angedeutet. Dabei weist der nordamerikanische Kontinent zwar weniger Merkmale auf und ist auch deutlich kleiner dargestellt, was dafür spricht, dass Waldseemüller und Ringmann für diesen Erdteil weniger Informationen vorlagen. Dennoch erkennt man eine realistische Amerikadarstellung. Besonders detailreich erscheint der Golf von Mexiko, der im Gegensatz zur Piri-Reis-Karte im richtigen Winkel und mit den bereits damals bekannten Inseln zutreffend dargestellt worden ist.

Woher stammt dieses topographische Wissen von Martin Waldseemüller und Mathias Ringmann? Hatten sie geheime Quellen aus anderen Reiseberichten zur Verfügung oder gar antike Karten, die vor der Veröffentlichung geheim gehalten wurden?

Vermutlich gelangten Waldseemüller und Ringmann an die Berichte eines anderen Kapitäns und Konkurrenten von Christoph Kolumbus. Es war der Genuese Amerigo Vespucci, der seine Entdeckungen ganz anders als Kolumbus interpretierte: Nach dessen Entdeckung reiste Vespucci mehrfach nach Amerika und durchforschte wenige Jahre später den Golf von Mexiko, nachdem sich Nachrichten über ein unbekanntes Land im Westen mehrten. Vespucci gab an, viermal in die Neue Welt gereist zu sein. Historisch lassen sich gegenwärtig nur zwei Reisen nachweisen. Nach seiner Rückkehr verglich Vespucci seine Entdeckungen mit den Beschreibungen Marco Polos und gewann seine Erkenntnisse durch logische, deduktive Betrachtungen. Er äußerte als erster die Meinung, dass die Inseln um die Antillen nicht zu Asien, sondern zu einem separaten Kontinent gehörten! Diese Erkenntnis brachte Waldseemüller und Ringmann vermutlich dazu, einen 4. Kontinent in die neue Weltkarte aufzunehmen. Der zusätzliche Erdteil erforderte damit aber nicht nur die räumliche Erweiterung des alten Ptolemäischen Weltbildes, sondern auch, dass eine eigenständige Landmasse von Wasser umgeben sein musste. Dem Maßstab zufolge ist dieses Meer Tausende Meilen breit. Japan und andere Inseln sind weit von der Küste Chinas entfernt dargestellt. Das riesige Meer westlich von Amerika war bisher auf keiner anderen Karte dieser Epoche zu finden. Soweit man weiß, existierten dafür keine schriftlichen oder bildlichen Aufzeichnungen. Die These, dass die beiden Kartographen diese Karte von Erzählungen konzipierten, erscheint ebenfalls unwahrscheinlich. Auf der Suche nach den Quellen dieses topographischen Wissens tappen sowohl Kartographen als auch Historiker im Dunkeln.

Woher stammt also dieses Wissen, das Waldseemüller und Ringmann zur Konzeption eines bis dahin völlig neuen Weltbildes veranlasste? Hinzukommt, dass Martin Waldseemüller nach dem frühen Tod seines Kollegen Mathias Ringmann (1511) sein eigenes Weltbild wieder vollständig zurücknahm. Er stellte sein Gemeinschaftsprojekt sogar total in Frage, denn in der wenige Jahre später um 1516 veröffentlichten **Carta Marina** präsentierte er den neuen Kontinent, wie die Kartographen seiner Zeit, ohne Namen und ohne seiner zuvor dargestellten Westküsten Amerikas. Auch den Pazifischen Ozean, den beide zuvor zwischen Amerika und Asien projizierten, ließ Waldseemüller gänzlich in seiner 9 Jahre später veröffentlichten Kosmographie weg. Warum diese Rückbesinnung zum alten Ptolemäischen Weltbild? Was bewegte ihn wenige Jahre zuvor, kartographisches Neuland zu beziehen? Büßte er gar das Vertrauen in die alten antiken Ur-Quellen ein? Oder stand ihm die Kirche im Rücken, die mit ihren Folterinstrumenten so manchen

Fig. 7: Linker Ausschnitt aus dem oberen Teil der Waldseemüller-Karte, der das alte Ptolemäische Weltbild repräsentiert. Die bis zur Entdeckung Amerikas bekannten Kontinente und Ozeane sind in zeitgenössischer Weise dargestellt. Es ist aufschlussreich, dass man die Südspitze Afrikas nicht dargestellt hatte, obwohl Waldseemüller und Ringmann von der Umrundung des Kaps der Guten Hoffnung durch Bartolomeu Diaz (1487/88) sowie von Vasco da Gama (1498/99) gewusst und auch auf ihrer Hauptkarte (Fig. 1) abgebildet haben.

fortschrittlichen Gelehrten seine epochalen Entdeckungen widerrufen ließen? Zur Beantwortung dieser ungeklärten Fragen liefert die Piri-Reis-Karte vielleicht die entscheidenden Antworten. Der Autor glaubt, hierin liegt ihre eigentliche Bedeutung!

Fig. 8: Rechter Ausschnitt aus dem oberen Teil der Waldseemüller-Karte, der erstmals den neuen Erdteil und einen völlig neuen Ozean darstellt. Bemerkenswert ist nicht nur der Umstand, dass man bereits die prinzipielle Gestalt des Doppelkontinents andeutete, sondern auch die realistische Form von Südamerika. Auch die Darstellung des Pazifiks, den Vasco Núñez Balboa erst sechs Jahre später als erster Europäer entdeckte, ist eine kühne Erweiterung und damit ein Bruch mit dem Ptolemäischen Weltbild.

Obwohl sie sechs Jahre nach der Waldseemüller-Karte erschien und wesentlich ungenauer ist, besitzt sie einen grundsätzlichen Unterschied zu allen anderen Karten des frühen 16. Jahrhunderts.

Uralte Vermächtnisse in der Piri-Reis-Karte

Gefunden wurde das Kartenfragment in der Bibliothek des „Alten Serails" in Konstantinopel/Istanbul am 9. Oktober 1929. Das Fragment ist 85 x 60 cm groß. Als Zeichenträger diente eine transparente, getrocknete Kamelhaut. Die Karte besitzt, wie zeitgenössische Portolane, ein Netz, das aus 5 Kompassrosen besteht.

Im Nordosten ist ein Zipfel von Frankreich, Spanien sowie der Straße von Gibraltar zu sehen. Weiter im Süden ist Westafrika dargestellt. Als ethnographische Merkmale hat der Kartograph einen Elefanten und einen Strauß neben vielen anderen mystischen Details in Höhe Westafrikas eingetragen. Hoch im Norden westlich von den Azoren sind ein Wal und ein Segelschiff dargestellt. Die westlichen Küsten zeigen Mittelamerika mit der Karibik in stark verzerrter und verdrehter Abbildung. Südamerika erscheint als geschlossener Kontinent. Die südamerikanische Ostküste setzt sich im Süden unter Weglassung der Drakestraße scheinbar unvermittelt in der antarktischen Küste fort. Besonders in der populärwissenschaftlichen Literatur wird die Terra Australis, der unbekannte Südkontinent, zu den wichtigsten Indizien für das prähistorische Alter der Piri-Reis-Karte gezählt. Andere Wissenschaftler meinen, dass dies eine direkte Bezugnahme der islamischen Kartographen auf das Aristotelische Weltbild ist, das von der Symmetrie der Erdgestalt ausging. Demzufolge musste sich zu der großen Landmasse im Norden auch ein „Gegengewicht" im Süden befinden. Möglicherweise ist der riesige Südkontinent auch nur deshalb ins Bewusstsein der Menschen gedrungen, weil man die Kartennetzentwürfe älterer Karten nicht verstand und mittelalterliche Geographen dessen Ausdehnung völlig falsch verstanden (Hertel & Hertel 1984, 35).

Leider blieb nur das westliche Fragment erhalten. Es weist aber glücklicherweise erstaunlich viele Vermerke über die Quellen auf, die den eigentlichen Wert der Piri-Reis-Karte ausmachen. Bei der Übersetzung der Textstellen fand der Orientalist Paul Kahle (1930) heraus, dass die Karte unter Verwendung von etwa 20 alten Karten hergestellt worden ist. Piri Reis hinterließ in türkischer Sprache insgesamt 24 weiterführende Erläuterungen und Verweise auf antike Quellen, die heute unauffindbar sind! Dies ist erneut ein glaubwürdiger Hinweis für das hohe Alter des dargestellten Wissens und die Echtheit dieses Kartenfragments. Nicht zuletzt hatten islamische Gelehrte das gesamte Wissen der antiken Astronomen und Geographen übernommen. Diese Übernahme lief mit Sicherheit nicht nur immateriell ab. Mit dem Untergang der antiken Bibliotheken wurden auch deren Schätze in die muslimischen Bestände überführt, wo sie aber leider im Laufe der Jahrhunderte verloren gingen oder auch bewusst vernichtet worden sein könnten.

Im Kartenimpressum wird auch das legendäre Kolumbus-Buch erwähnt, das Kolumbus bei der Vorbereitung seiner dritten Expedition sehr geholfen haben soll. Darin berichtet Piri Reis, dass sein Onkel, ebenfalls Admiral bei der türkischen Marine, einen spanischen Seefahrer gefangen genommen und unter Folter verhört haben soll. Er berichtete seinen Fängern, dass er an der dritten Kolumbus-Reise teilgenommen habe und dass Christoph Kolumbus in seiner Hand ein antikes Buch und eine Landkarte besaß. In diesem Buch fand Kolumbus die Angabe, dass das Westmeer ein Ende habe, und dass es auf der Seite des Untergangs Küsten und Inseln mit allerlei Bergwerken, die Gold und Kupfer liefern, gibt. Der Sklave schilderte im Folgenden, wie sie von den friedlichen Indianern empfangen und diese mit extra mitgebrachten Glasperlen beschenkt wurden. Kolumbus habe nämlich in diesem Buch gelesen, dass Glasperlen dort besonders geschätzt sind.

Dieser Hinweis auf die Glasperlen ist von entscheidender Bedeutung für die Forschung. Sollte dieses Buch tatsächlich antiken Ursprungs sein, dann hat es nicht Indien, China oder andere asiatische Länder beschrieben. Bereits Plinius der Ältere berichtet in seiner Historia Naturalis beruhend auf den Beschreibungen von Eratosthenes, dass die alten Ägypter mit ihren Papyrusbooten über den Indischen Ozean nach Sri Lanka und

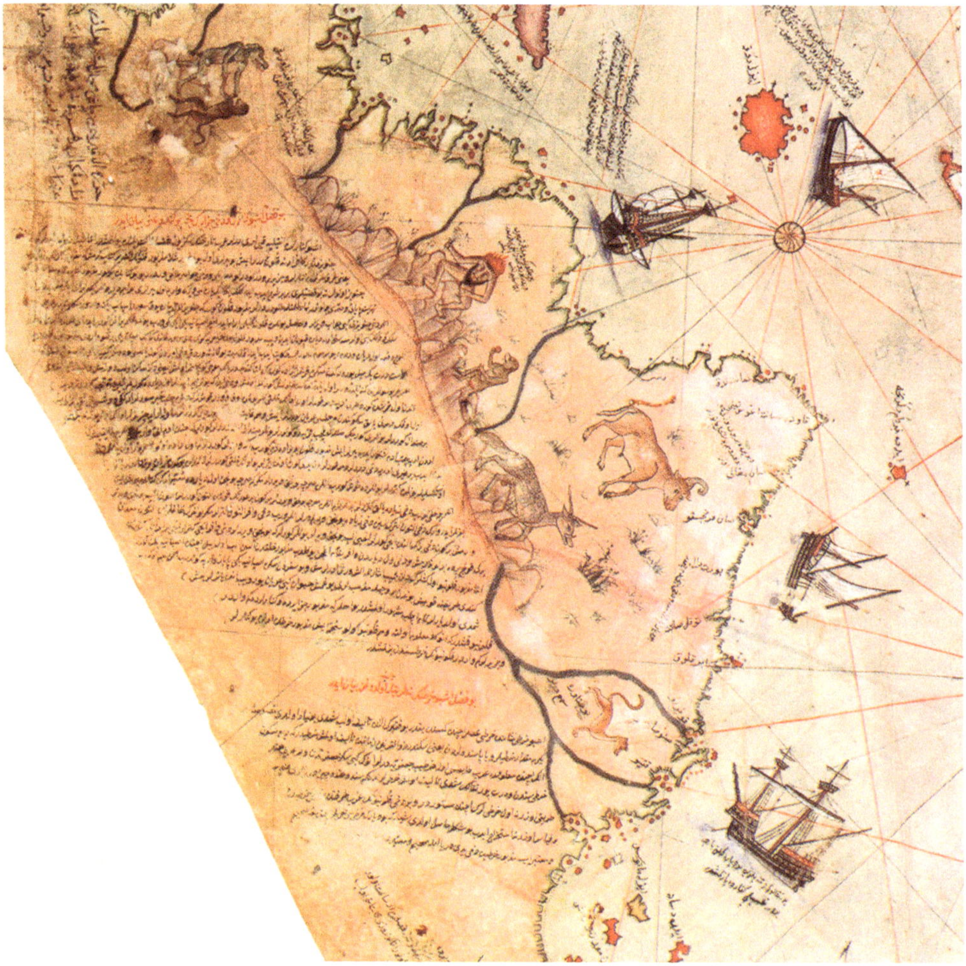

Fig. 9: Ausschnitt aus dem südwestlichen Teil der Piri-Reis-Karte. Er zeigt das „Impressum" von Piri Reis, in dem er auf 20 antike bzw. ältere Karte verweist. Dieser Befund wird sowohl von Kartographen als auch Historikern nicht genügend berücksichtigt, wenn es um transatlantische Kontakte vor Kolumbus geht.

darüber hinaus selbst bis zum Ganges segelten. Er empfiehlt auf der Grundlage der Reisedaten der Ägypter dem römischen Kaiser, den lukrativen Gewürzhandel mit den Asiaten mit Hilfe ihrer leistungsfähigeren römischen Schiffe in die eigenen Hände zu nehmen (Plinius, Historia Naturalis). In sehr früher Zeit waren diese Länder auf den Gewürzhandel spezialisiert, der nach dem Untergang der antiken Kulturen von den Arabern übernommen und weiter betrieben worden ist. Gewürze waren zu jeder Zeit so wertvoll wie Gold und Silber (Kahle 1930).

Wenn Kolumbus seinen kühnen Plan je umgesetzt hätte – vorausgesetzt, der Weg nach Indien wäre durch Amerika nicht versperrt gewesen – die asiatischen Händler hätten sich bei seiner Ankunft sehr über das Angebot des Genuesen gewundert. Mit ein paar Kisten voller Glasperlen hätte er nicht einmal ein Beutelchen Pfeffer, Muskat, Gewürznelken oder Ingwer erhalten. Die Information, dass die in dem antiken Buch erwähnten Menschen Glasperlen schätzen, kann niemals auf asiatische Gewürzhändler zutreffen, zu denen Kolumbus segeln wollte. Vielmehr müssen die antiken Autoren von der Existenz der Eingeborenenkulturen in der Neuen Welt Kenntnis gehabt haben. Die Erwähnung Glasperlen liebender Menschen auf der anderen Seite des Atlantiks ist ein entscheidender ethnographischer Beleg für die Kenntnis einer fremden Kultur außerhalb der bekannten Welt im Westen. Damit war die Kolumbusfahrt westwärts über den Atlantik keine Fahrt ins Blaue! Er wusste durch „den/die“ antiken Autoren, dass sich in berechenbarer Entfernung in Richtung Westen Land befindet. Kolumbus hatte allerdings die Angaben in diesem Werk völlig missverstanden und nicht begriffen, dass diese Ländereien auf der „Seite des Untergangs“ nicht zu Indien, sondern zu einem separaten Kontinent gehörten. Die kritiklose Übernahme des Ptolemäischen Weltbildes hatte ihn, wie eine Vielzahl weiterer Gelehrter und Seefahrer seiner Zeit, blind gemacht, das wahre Antlitz der Erde zu erkennen. Gleichzeitig muss man Kolumbus den Rang absprechen, als erster die Idee geäußert zu haben, mit einem Schiff westwärts über den Atlantik nach Indien zu segeln.

Es ist ein großer Verlust für die Kartographiegeschichte, dass die Bücher und kartographischen Arbeiten von Eratosthenes vollständig verloren gegangen sind. Alles, was wir über seine epochalen Arbeiten wissen, ist der Nachwelt nur indirekt von antiken Autoren, wie Plinius, Strabon oder Pomponius Mela, überliefert worden. Eines der erstaunlichsten und aufschlussreichsten Zitate besitzen wir von Strabon. Er äußerte sich ironisch über die Theorien von Eratosthenes und hatte dazu beigetragen, dass sich das Ptolemäische Weltbild in der römischen Antike durchsetzte: „[Eratosthenes] meint, dass es, wenn die Ausdehnung des Atlantiks nicht ein Hindernis darstellte, ohne Weiteres möglich sein müsste, von der Iberischen Halbinsel nach Indien zu segeln und dabei immer auf dem gleichen geographischen Breitengrad zu bleiben, dessen übriger Teil [. . .] mehr als ein Drittel des ganzen Kreises ausmacht [...] Aber es sei durchaus möglich, dass sich in der gemäßigten Zone zwei oder sogar mehr bewohnte Länder befinden, vor allem auf dem Breitengrad, der durch Athen und den Atlantik verläuft" (Gallez 1980, 25).

Statt, wie beabsichtigt, Eratosthenes durch Spott zu diskreditieren, trug Strabon dazu bei, das unglaubliche geographische Wissen des Gelehrten aus Alexandria aus dem 3. Jahrhundert v. Chr. zu überliefern. Es scheint, als hatten bereits die antiken Kulturen in dieser Zeit keine klare Vorstellung mehr über die tatsächlichen Begebenheiten der Länder jenseits der Straße von Gibraltar. Demnach besaßen sie noch eine vage Erinnerung von der Geographie des westlichen Erdteils, wie es das Zitat über Eratosthenes zum Ausdruck bringt. An dieser Stelle muss der Autor nochmals an das Impressum der Piri-Reis-Karte erinnern. Es führt gut nachlesbar auf, dass Piri Reis 20 antike Ausgangskarten für die Konzeption seiner Weltkarte verwendete. Diese Hinweise dürfen nicht als pseudowissenschaftliche Evidenzen ignoriert werden. Sie stellen klare Belege für den Beweis der Hypothese dar, dass in der Vorzeit oder mit Beginn des Altertums ein wie auch immer gearteter Kontakt zwischen den Zivilisationen des Mittelmeers und der Neuen Welt bestanden haben muss. Die Überlieferungen von Eratosthenes sowie von Piri Reis belegen, dass man von der Existenz des amerikanischen Doppelkontinentes in einer überlieferten Form gewusst haben musste. Sie sind keine romantischen Träumereien oder philosophischen Spekulationen im Zusammenhang der Aristotelischen Gleichgewichtstheorie der Erdteile, sondern basieren auf echten geographischen Überlieferungen früherer, tatsächlich stattgefundener Seefahrten. Doch zurück zur Piri-Reis-Karte.

Bemerkenswert widersprüchlich ist der Text der südlichsten Eintragung an der antarktischen Küste: „Diese Gegend ist unbewohnt [...] Diese Küsten sollen sehr heiß sein und es soll hier auch große Schlangen geben [...]“ (Akcura 1935, 10). Viele Autoren sehen gerade in diesen widersprüchlichen Schilderungen einen Hinweis für das enorm hohe Alter des von Piri Reis gezeichneten Wissens. Demnach müsste dieser Teil der antarktischen Küste vor der letzten Vereisung gezeichnet worden sein. Diese Ableitung hätte entscheidende Konsequenzen für die Altertumsforschung, sollte sie sich als richtig herausstellen. Vielleicht wurde diese Legende aber auch nur falsch positioniert? Solche Fehler können nach Meinung mancher Autoren Piri Reis durchaus unterlaufen sein (Hertel & Hertel 1984, 17f).

Weiterhin berichtet Piri Reis anhand der Beschreibungen von portugiesischen Entdeckungsfahrten ins südwestliche Feuerland über den Tagesverlauf von nur zwei Stunden Tages- und 22 Stunden Nachtlänge. Das sind Gebiete in der Nähe des südlichen Polarkreises (= 66° 30' s.B.). Für die Zeit vor der Veröffentlichung der Piri-Reis-Karte um 1512 sind allerdings keine historisch verbürgten Reisen der Portugiesen in diese Gegend bekannt – zumindest nach der derzeit gültigen Geschichtsschreibung [Anm. d. Autors: Die Seekarte von Zuane Pizzigano (Venedig 1424) weist bei der Insel Antillia eine portugiesische Beschriftung auf, die die Kenntnis der Antillen wiedergeben könnte].

Diese interessanten Angaben unterstreichen, dass Piri Reis die Mehrzahl seiner geographischen Informationen aus älteren Quellen entnahm, von denen leider bis zum heutigen Tage keine überlebte oder nicht rekonstruiert werden konnte. Woher er dieses

Wissen bezog, ist immer noch nicht bekannt. Um das geographische Wissen der Piri-Reis-Karte zu studieren, erforschte der englische Geschichtsprofessor Charles H. Hapgood (1979) mit seinen Studenten neun Jahre die Karte. Dabei stellte sich heraus, dass das geographische Zentrum der fünf Portolan-Kompassrosen unmittelbar in der Nähe des nördlichen Wendekreises (23° n.B.) nahe der Stadt Syene, dem heutigen Assuan liegt. Daraus ergaben sich eine Reihe von Ableitungen mit dem wichtigsten Resultat: Die Karte wurde durch das Zusammenfügen mehrerer einzelner Teilkarten gezeichnet und daraus resultierten mindestens vier verschiedene Gradnetze mit teilweise abweichender Nordausrichtung. Diese Erkenntnis beweist die Richtigkeit der Bemerkungen des Kartenherstellers über die Verwendung von mindestens 20 verschiedenen Ursprungskarten. Weiterhin konnten eine Reihe von Abbildungsfehlern identifiziert werden. Zum Beispiel, dass die Ostküste von Südamerika 900 km zu kurz dargestellt worden ist. Dafür wurde der Amazonas zweimal in Brasilien eingezeichnet. Piri Reis erkannte nicht, dass zwei Ursprungskarten ein und denselben Fluss zeigten. Außerdem wurden die großen Westindischen Inseln, wie z. B. Haiti, um 78 Grad westwärts verdreht dargestellt, was viele Jahre zu erheblichen Verwirrungen bei den Interpretationen führte (Hertel & Hertel 1984, 21f).
Um die Ungewöhnlichkeit der von Piri Reis gewählten Projektion zu verdeutlichen, veröffentlichte das Forscherehepaar Hertel & Hertel (1984) eine moderne Weltkarte in äquistaler Azimutalprojektion. Alte Fliegerkarten aus dem Zweiten Weltkrieg wurden vom ägyptischen Standort Kairo „kairozentristisch" dargestellt, indem man alle Entfernungen längengetreu vom Kartenmittelpunkt darstellte. So erstrecken sich alle Kontinente auf dieser Karte rings um das Zentrum. Die Pole sind deshalb nicht am Kartenrand und die Landmassen am Rand sind ungewöhnlich verzerrt dargestellt. Je näher man Gebiete um das Zentrum mustert, umso genauer erscheinen sie dem Betrachter. Zentrumferne Gebiete erscheinen ungewöhnlich verzerrt. Der Zufall will es, dass in beiden fremden Karten als gemeinsame Zentren die beiden nahen ägyptischen

Fig. 10: Rekonstruierte Kopie einer Fliegerkarte in Azimutalprojektion aus dem 2. Weltkrieg (nach Hertel & Hertel 1984). Sie weist aufgrund der gleichen Projektion eine große Ähnlichkeit mit der Piri-Reis-Karte auf.

Städte Kairo und Syene/Assuan ausgewählt worden sind. Nicht wenige populärwissenschaftliche Autoren haben die deutsche Fliegerkarte aus dem Zweiten Weltkrieg als Piri-Reis-Karte verwechselt und publiziert (Hertel & Hertel 1984, 22f).

Die am häufigsten mit Für und Wider beachtete Zeichnung befindet sich im südlichen Teil der Piri-Reis-Karte. Die Arbeitsgruppe von Professor Hapgood (1979) stellte fest, dass sich die Küste des Königin-Maud-Landes auf dem gleichen Längengrad wie die Küste von Guinea befindet. Seismologische Untersuchungen in der Antarktis von der West Over Air Force Base stimmen mit dem Gutachten von Hapgood überein. Es attestiert, „dass die Küstenlinie in die Landkarte aufgenommen wurde, ehe das Eis sie zudeckte. Wir haben keine Ahnung, wie die Angaben mit dem anzunehmenden Wissensstand von 1513 in Übereinstimmung gebracht werden kann" (Hertel & Hertel 1984, 49).

Piri Reis verewigte als erster Mensch der Neuzeit Teile der Antarktis auf einer Landkarte und verweist die Herkunft dieses Wissens auf einen antiken Ursprung. Mit der Anfertigung im Jahre 1513 und aus dem islamischen Kulturkreis kommend wird Piri Reis kein Interesse an der Verschleierung von Hinweisen über präkolumbische Entdeckungsfahrten gehabt haben. Als Sohn einer aufstrebenden türkischen Marinefamilie, die ihre seefahrerischen Kenntnisse und das kartographische Wissen von den antiken Gelehrten übernahmen und seit Jahrhunderten systematisch ausbauten, hat Piri Reis diese antiken Hinweise über fremde Länder jenseits der Säulen des Herakles vorbehaltlos in sein Werk eingebaut. Möglicherweise schlummern in den Beständen alter islamischer Bibliotheken noch weitere Karten vom Schlage Piri Reis. Alle Versuche in der alten Bibliothek des Serials in Konstantinopel wenigstens den verloren gegangenen Kartenteil der Piri-Reis-Karte zu finden, sind bisher fehlgeschlagen. So ist die Hoffnung relativ gering, die eigentlichen Ur-Karten mit den Antarktisdarstellungen zu entdecken. Jedoch wird die Betrachtung weiterer Antarktisdarstellungen zeigen, dass sich auch andere Geographen an der Darstellung der Antarktis versuchten und „irgendwie" an uraltes geographisches Wissen gelangt sein mussten.

Woher wusste Finaeus von der Antarktis?

Die beeindruckendste Antarktisdarstellung zeigt die Karte des Franzosen Oronteus Finaeus aus dem Jahr 1531. Sie stellt die Antarktis mehr als 200 Jahre vor ihrer Entdeckung dar! Schon ein erster flüchtiger Blick zeigt, dass es sich um eine realistische Abbildung der Antarktis handeln muss. Die allgemeinen Umrisse ähneln erstaunlich den heute dargestellten. Eine Analyse ergibt, dass die antarktische Halbinsel um 15 Grad zu weit nördlich dargestellt wurde. Ebenso reichen alle von Finaeus gezeichneten Küsten zu weit nach Norden. Hapgood hatte mit seinem Team auch diese Karte ausführlich untersucht. Er schlussfolgerte daraus, dass die verwendete Ursprungskarte einen anderen Maßstab aufwies, der Finaeus unbekannt war. Nach langen Forschungen gelang es Hapgood herauszufinden, dass Finaeus oder einer der vorhergehenden Kartenkopierer den südlichen Polarkreis mit dem 80. Breitengrad verwechselte. Dadurch kam es zur Vervierfachung des Antarktisumfanges (Hapgood 1979; Hertel & Hertel 1984).

Das war eine sehr wichtige Entdeckung. Denn folgt man dieser Schlussfolgerung, so hatten die Kartographen im frühen 16. Jahrhundert eine sehr genaue Vorstellung von der Gestalt und der Größe der Antarktis sowie der Ausdehnung der Erde. Ein Vergleich der Finaeus-Karte mit einer modernen physikalischen Karte offenbart die Ähnlichkeiten, aber auch die Unzugänglichkeiten der alten Karte. Bemerkenswert ist das Fehlen der westlichen Küsten der Ross-See. Hapgood schlussfolgerte aus der Darstellung, dass zumindest die Westantarktis noch mit Eis bedeckt war, als die Ursprungskarte entstand.

Die Paläoklimatologie dokumentiert, dass sich das Eisschild auf der Antarktis vor ungefähr 18 Mio. Jahren ausbildete. Der letzte Eishochstand war vor 18.000 Jahren und 300 Meter höher als heute. Dennoch kann man durch Sedimentationsforschungen aus Tiefbohrkernen ableiten, dass auf der Antarktis in den letzten 3 Mio. Jahren mindestens drei Perioden eines gemäßigten Klimas herrschten. Die Küstengebiete und Ufer müssen mehrfach eisfrei gewesen sein. Die letzte Warmzeit soll laut Hapgood (1979)

Fig. 11: Ausschnitt der Antarktis aus der Finaeus-Karte. Die Abbildung zeigt die Andeutung von Strukturen der eisfreien Küsten. Hingegen erscheint das Inland mit Eis bedeckt.

mit der Würm-Warmzeit vor etwa 6.000 Jahren zu Ende gegangen sein. So beweist u.a. der Krustenflechtenbewuchs an den Felsen des Enderbylandes, dass dieses Gebiet seit Jahrtausenden eisfrei ist. Sie finden als Endemiten dort ihr letztes Rückzugsgebiet, wohingegen alle anderen Küstenabschnitte zurzeit vollständig vereist sind. Sowohl auf der Finaeus-Karte als auch auf der detailreicheren Mercator-Karte von 1569 sind zur Küste hin fließende Flüsse dargestellt. Im Inneren kann man eine Eisbedeckung ablesen.

Die kartographische Analyse von Hapgood zeigt, dass die von Finaeus benutzte Vorlage in doppelherzförmiger Projektion gezeichnet war. Das ist umso bemerkenswerter, weil die Erfindung dieser Projektion im allgemeinen Finaeus selbst zugeschrieben wird. Denn er ist der früheste bekannte Kartograph, der diese Projektion angewendet hat (Gallez 1980, 42).

Der Experte für Frühkartographie Gallez kommt auf der Grundlage der Forschungen über die Finaeus-Karte von Hapgood zu folgendem Urteil: „Die Erforschung eines Kontinents [...] setzt das Vorhandensein einer zivil und militärisch hoch organisierten Gesellschaft und Regierung voraus, die zugleich mit ungeheueren materiellen Mitteln und mit einer großen Machtfülle ausgestattet war, und einen großen Willen zur Ausdehnung besaß. Das alles verträgt sich schlecht mit unserem heutigen Wissen über menschliche Gesellschaften des 6. Jahrtausends vor unserer Zeit. Dass wir keine Lösungen für die vor- und frühgeschichtlichen Probleme haben, schmälert nicht die Tatsache ihrer Existenz“ (Gallez 1980, 43).

Alles deutet darauf hin, dass den frühen Kartographen kenntnisreiche Quellen zur Verfügung standen, um die neuen Weltkarten des beginnenden 16. Jahrhunderts zu konzipieren. Das dargestellte Wissen entspricht jedoch nicht dem geographischen und historischen Erkenntnisstand des frühen 16. Jahrhunderts. Ein weiteres kartographisches Werk liefert für diese These ein beeindruckendes Zeugnis, dass den frühen Kartographen möglicherweise sehr alte und heute verloren gegangene Quellen zur Verfügung standen. Es ist der Marmorglobus von Gotha, der Bildinhalte wiedergibt, die auf keiner anderen Rätselkarte zu finden sind.

Der Marmorglobus von Gotha oder: Wer kannte Südamerika vor Kolumbus?

In älteren Bibliotheken und Museen gibt es mitunter eine Vielzahl alter Globen oder Landkarten. Beachtung finden zumindest nur diejenigen, die sich durch ihre Größe oder durch ihre künstlerische Gestaltung auszeichnen. Von anderen ist häufig kaum mehr als der Autor oder die Entstehungszeit bekannt. Über ihre Stellung in der Kartographiegeschichte weiß man am Ort der Entdeckung wenig. Häufig dauert es viele Jahre, wie am Beispiel der Piri-Reis-Karte geschildert wurde, ehe die Öffentlichkeit ihre Aufmerksamkeit auf diese Werke richtet, weil sie ganz einfach der Vergessenheit anheim gefallen sind. So ist es auch dem Marmorglobus von Gotha ergangen.

Im Schloss Friedenstein, das sich im thüringischen Gotha befindet, lagern in der Forschungsbibliothek sieben Erdgloben und zehn Himmelsgloben. Der älteste und bemerkenswerteste von ihnen ist der Marmorglobus von Gotha. „Mehr als bei den anderen Globen verdient bei diesem einzigartigen anonymen Werk [...] Beachtung, und nicht etwa wegen seiner schönen Form, so bemerkenswert diese auch sein mag. In seiner vortrefflichen handwerklichen Ausführung verrät es die Werkstatt eines Meisters, und gewisse Besonderheiten, so die in Ziseliertechnik ausgeführten Ornamente [...] Leider konnte darin noch kein Erfolg zur Ermittlung des Autors erzielt werden" (Horn 1976, 13).

Nach Gallez (1980) erscheint der Marmorglobus als verkleinerte Kopie des Globus von Johannes Schöner aus dem Jahr 1533. Johannes Schöner war ein berühmter Kartograph aus Nürnberg und hatte drei weitere Globen angefertigt, von denen die ersten beiden 1515 und 1520 veröffentlicht wurden. Interessant ist der Umstand, dass die Darstellung Südamerikas und Feuerlands zahlreiche Fehler zeigt, die Schöner auf seinen früheren Globen richtig gezeichnet hatte (Gallez 1980, 41). Werner Horn vermutet neben einer

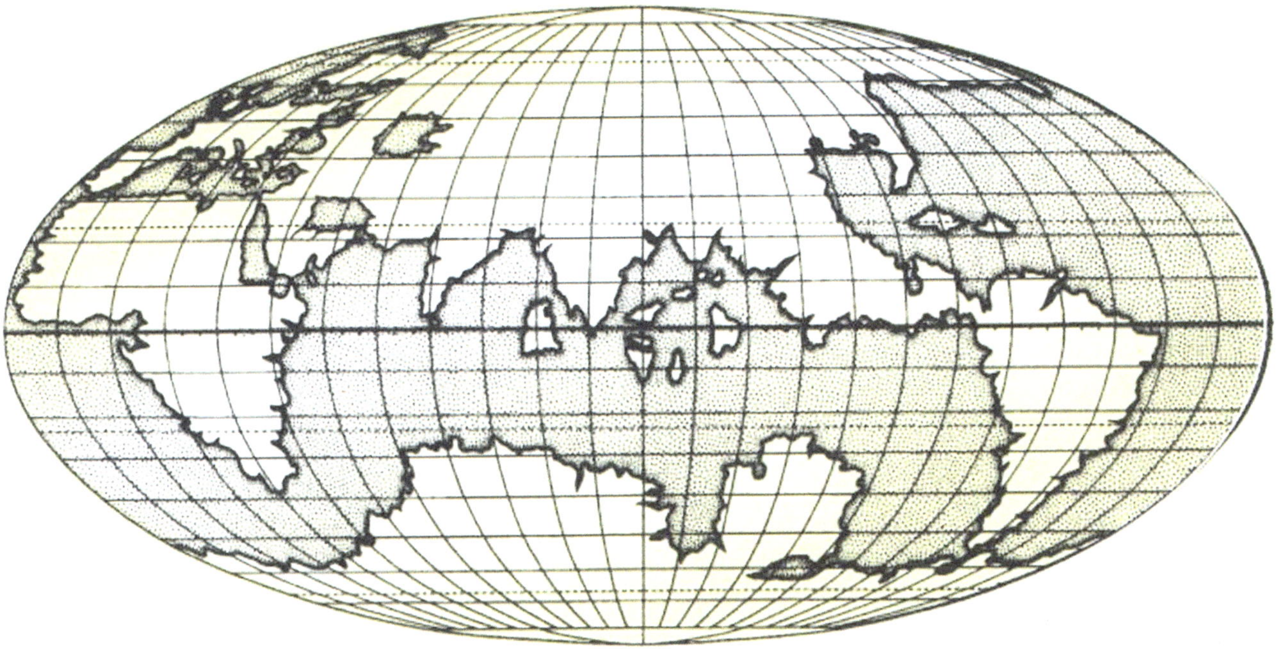

Fig. 12: Projektion des Marmorglobus von Gotha in eine zweidimensionale sphärische Darstellung. Sehr gut erkennt man die Verbindung Asiens mit Amerika als typischen „Drachenschwanz".

Beeinflussung aus Nürnberg noch eine mögliche Verbindung bei der Globenherstellung nach Löwen aus der Hand von Franciscus Monachus um 1528. Beide Globen besitzen eine ungewöhnlich kleine und „verkehrte“ Beschriftung der geographischen Namen auf der Südhalbkugel, die sonst von keinem Globus anderer Herstellung bekannt ist (Horn 1976, 15). Dies erfordert beim Betrachten, dass man den Globus umdrehen muss, wenn man die Ortsnamen der Südhemisphäre aufrecht lesen möchte.

Das Gradnetz des Marmorglobus wird durch exakt ausgeführte Rillen in Stein dargestellt. Die Breitengrade verlaufen im Abstand von je 10°, die Längengrade im Abstand von je 15°. Durch Rillen gleicher Art sind auch die Wende- und Polarkreise angegeben.

Der Marmorglobus von Gotha gehört in die Kategorie der „Drachenschwanz“-Karten. Auf zahlreichen kartographischen Werken des späten 15. und frühen 16. Jahrhunderts bildet Südamerika eine riesige Halbinsel, die im Nordwesten über die mittelamerikanische Landenge mit dem asiatischen Kontinent, genauer gesagt mit China, verbunden ist. Traditionell wird China von seinem Jahrtausende altem Sinnbild, dem Drachen, als Land des Drachens bezeichnet. So bildet die große Halbinsel, die Südamerika darstellt, den *Schwanz des chinesischen Drachens* (Gallez 1980, 140).

Die Frühkartographie Südamerikas ist die Geschichte des Drachenschwanzes und seiner kartographischen Darstellung. Viele Gelehrte sehen in der Anbindung Südamerikas an den asiatischen Kontinent einen schweren Fehler der frühen Kartographie, der vor allem auf Unkenntnis beruhte. Dafür sprechen auf den ersten Blick auch die Einzelheiten von dem Gothaer Globus. Einer der modernen Kartographen, der sich mit dem Marmorglobus eingehend beschäftigte, ist Werner Horn (1976). Er gelangte zu der Schlussfolgerung: „Eine eingehende Untersuchung sämtlicher Einzelheiten des Marmorglobus, die noch aussteht, wird hoffentlich eine genaue Zeitbestimmung für seine Entstehung und vielleicht auch Hinweise auf seinen Autor ergeben. Bisher steht nur fest, dass der Marmorglobus erst angefertigt worden sein kann, nachdem die Überlebenden der Magalhães-Expedition [1519–1521] nach Europa zurückgekehrt waren,

Globus des Johannes Schöner
aus dem Jahre 1515.

Globus des Johannes Schöner
aus dem Jahre 1520.

Fig. 13: Zum Vergleich zwei Abbildungen der berühmten Schöner Globen von 1515 und 1520. Aufschlussreich ist, dass zu diesen Zeitpunkten Amerika und Asien, wie auf der Waldseemüller-Karte, noch durch das Meer getrennt sind. Außerdem zeigen die Globen mehrere mittelalterliche Schiffsdarstellungen. Die vermeintliche Antarktis erscheint ziemlich unrealistisch ohne Ähnlichkeiten zu den späteren Globen von Schöner (1533), De Bure (1533) oder der Finaeus-Karte (1531).

denn die Ergebnisse dieser ersten Weltumsegelung sind auf dem Globus verwertet, was der Name MARE MAGELLA/NICVM für den Südteil des Pazifischen Ozeans besonders bedeutungsvoll zum Ausdruck bringt" (Horn 1976, 18).

So einfach ist diese auf den ersten Blick logisch klingende Ableitung nicht. Demnach müsste man für die Waldseemüller-Karte und der vollständigen Darstellung des Pazifiks eine ähnliche Quelle vorzuweisen haben, wollte man ihn nicht der Wahrsagerei bezichtigen. Wie widersprüchlich und verworren das Geflecht zwischen Wissen, Vermutungen und tatsächlich nachweisbaren historischen Fakten ist, zeigt das Zitat von Johannes Schöner, dem vermeintlichen geistigen Vater des Marmorglobus von Gotha. In seinem Opusculum Geographicum aus dem Jahre 1533 führt er über die Eigenständigkeit des amerikanischen Doppelkontinentes aus: „ [...] sie dachten, dieser Teil der Erde sei eine Insel und sie nannten ihn America, vierter Erdteil. Ganz neue im Jahre 1519 unter Magellans Leitung ausgeführte Seefahrten haben ergeben, dass dieses Land Oberindien, also ein Teil Asiens ist" (Schöner 1533).

Dieses Zitat dokumentiert die Widersprüchlichkeit des damals vorhandenen Wissens. Neue Entdeckungen trugen zu Beginn des 16. Jahrhunderts eher zu Verwirrungen anstatt zur Aufhellung des Bildes über die Gestalt der Erde bei. Waldseemüller stellt auf seiner ersten Weltkarte den Doppelkontinent ziemlich genau als eigenständige Landmasse mit einem bis dahin nie gezeigten großen Ozean im Westen dar. Dabei legt er Wert auf eine Trennung zwischen der amerikanischen und asiatischen Landmasse. Keine 15 Jahre später verwirft er dieses geographische Konzept wieder. Die Finaeus-Karte greift dieses Bild wieder auf. In ihr wird aber Asien und Amerika bereits über eine kleine Landbrücke bei 70° n.B. verbunden. Der Marmorglobus von Gotha setzt in der Tradition der Drachenschwanz-Karten diese Entwicklung weiter fort. Man kann sie auf zahlreichen Globen oder Karten jener Zeit nachweisen. Dennoch steckt mehr hinter dem Drachenschwanz-Phänomen, als in ihm einfach eine vorübergehende fehlerhafte Darstellung und nichts anderes zu sehen.

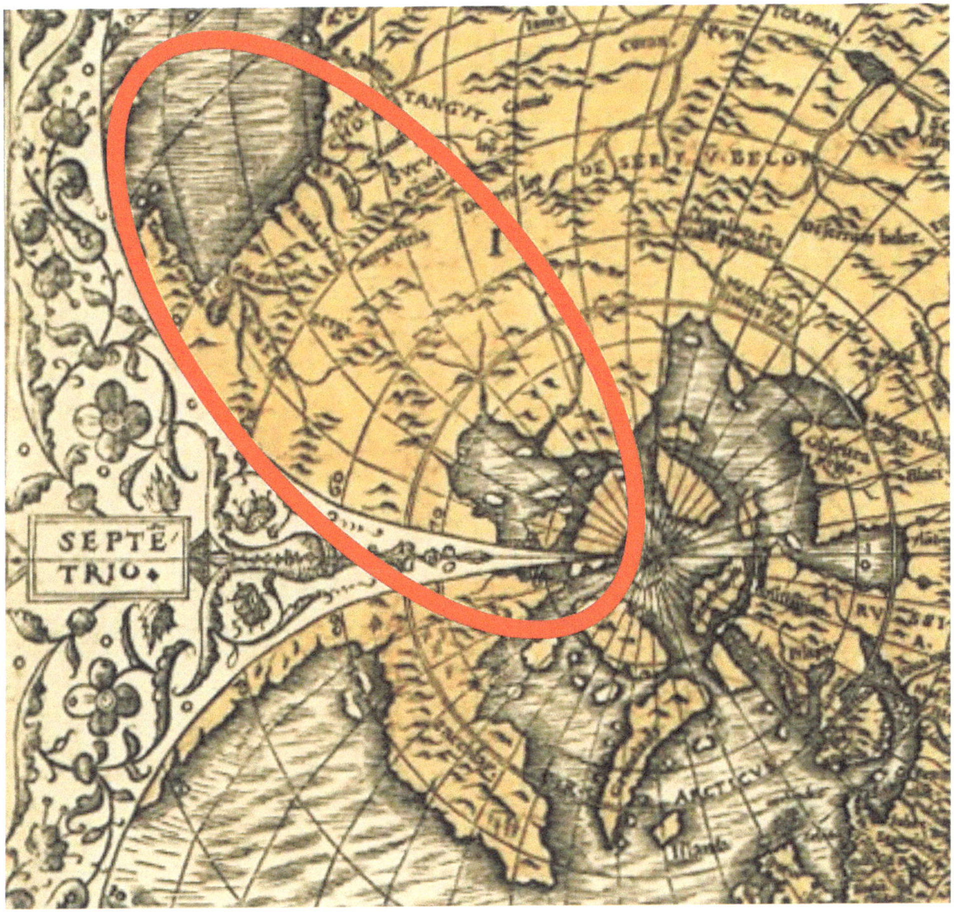

Fig. 14: Ausschnitt der Finaeus-Karte, welche die Verbindung von Asien mit Amerika unter der Weglassung der Beringstraße zeigt. Der rote Kreis deutet den Übergang des „Drachenschwanzes“ an, der in der Herzprojektion nicht so deutlich hervortritt. Ältere Karten bzw. Globen, wie die Waldseemüller-Karte (1507, vgl. Fig. 8) oder die beiden älteren Schöner-Globen (1515 bzw. 1520 vgl. Fig. 13), zeigen noch eine klare Trennung zwischen beiden Erdteilen.

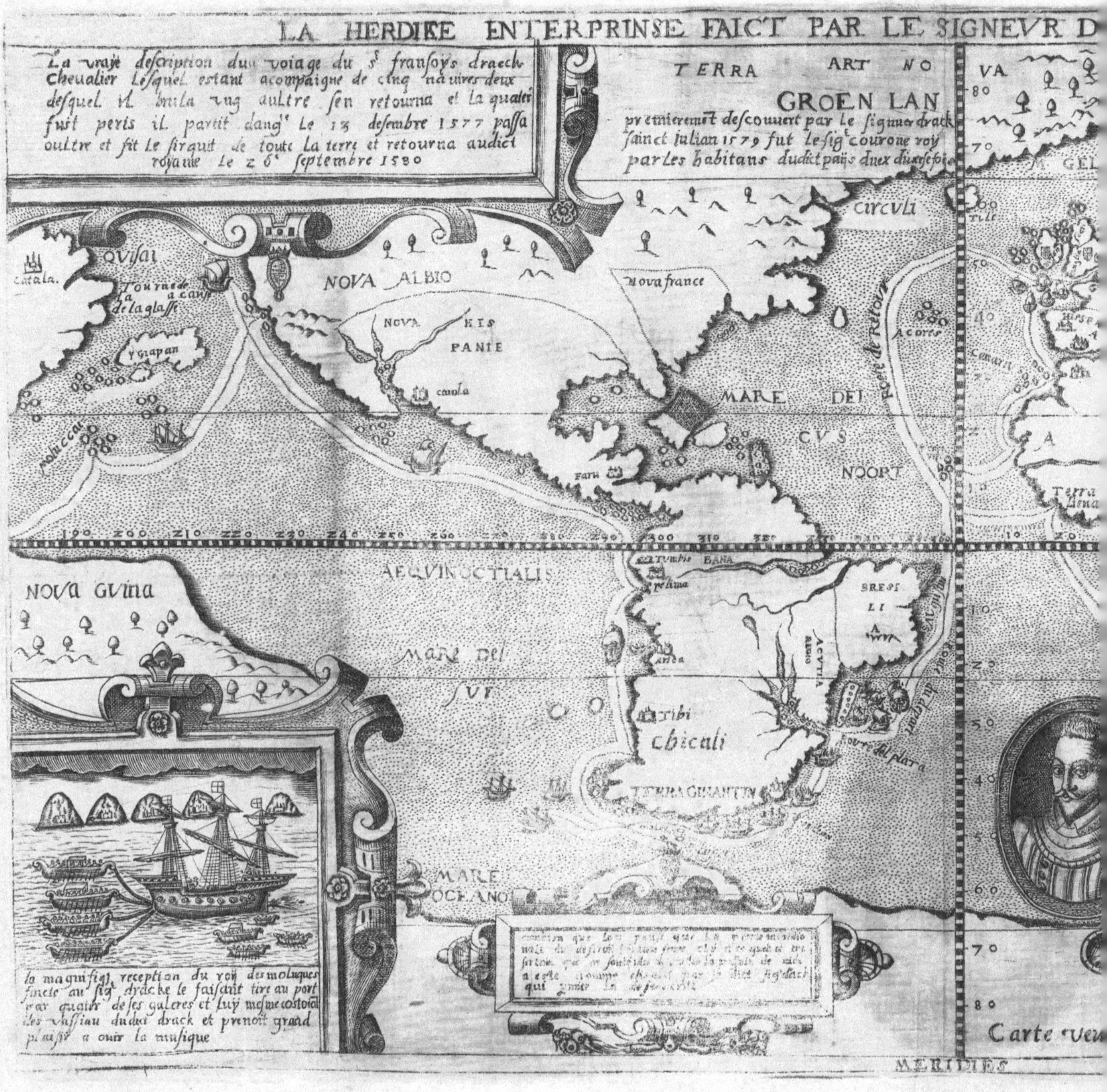
LA HERDIKE ENTERPRINSE FAICT PAR LE SIGNEVR D
La vraye description du voiage du sr fransoys draech Chevalier lesquel estant acompaigne de cinq navires deux desquel il brula ung aultre sen retourna et la quatri fust peris il partit dangr le 13 desembre 1577 passa oultre et fit le sirquit de toute la terre et retourna audict royaume le 26e septembre 1580
TERRA ART NO
GROEN LAN
premierement descouvert par le signeur drack sainct julian 1579 fut le sigr courone roy par les habitans dudict païs duex diuse soi
CIRCULI
QVISAI
NOVA ALBIO
Nova france
NOVA HIS PANIE
MARE DEL
CVS
NOORT
Acores
AEQVINOCTIALIS
NOVA GVINA
Mare del
SVR
chicali
TERRA GIGANTUM
MARE OCEANO
MERIDIES
Carte veu
la magnifiq reception du roy des moluques faicte au sigr drache le faisant tire au port par quatre de ses galeres et luy mesme costoiat les vassiau dudict drack et prenoit grand plaisir a ouir la musique

Fig. 15: Die Weltumsegelung des Francis Drake war nach der von Ferdinand Magellan (1519–1522) die zweite maritime Weltumrundung. Francis Drake und seine Mannschaft segelten vom 13. Dezember 1577 bis zum 26. September 1580 in 1.018 Tagen durch den Atlantischen, den Pazifischen und den Indischen Ozean. Diese Expedition erbrachte neueste Erkenntnisse für die Darstellung der gesamten Westküsten Amerikas. Dennoch zeigt die eigentümliche Gestalt Südamerikas, dass ältere Werke, wie der Marmorglobus von Gotha aus dem Jahr 1533 (Fig. 17), die Nicola van Sype-Karte aus dem Jahr 1581 an Genauigkeit übertreffen. Woher der unbekannte Globushersteller das Wissen für die exakte Gestalt hatte, ist nach wie vor ein Rätsel der Kartographiegeschichte.

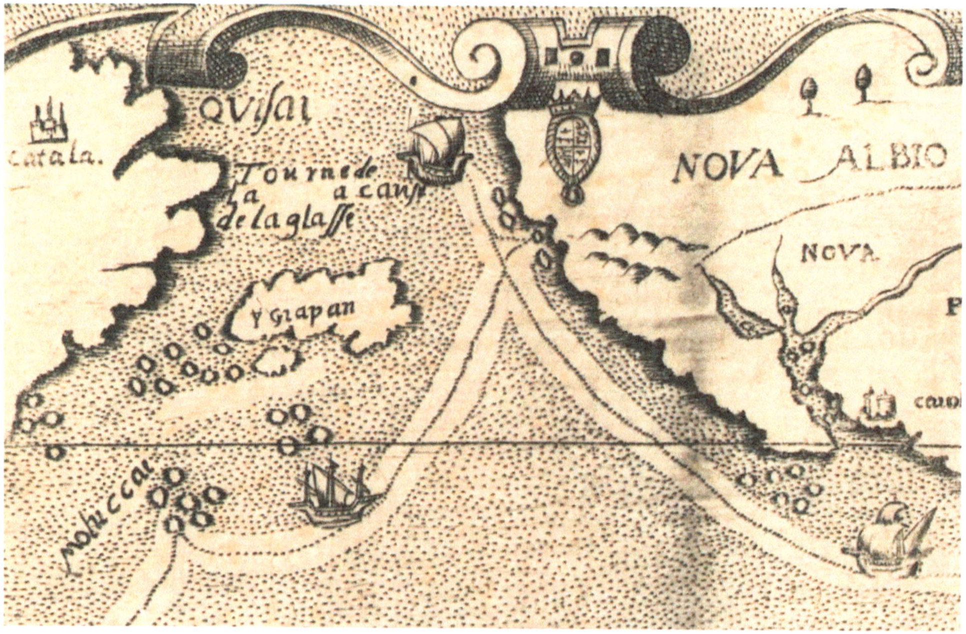

Fig. 16: Erst die Expedition von Francis Drake (1577–1580) erbrachte eindeutige Belege, dass Amerika und Asien durch ein breites Meer voneinander getrennt sind. Auf der Suche nach der Nordwestpassage [im Spanischen bezeichnet als Straße von Anián], um auf einfachstem Wege nach England zurückzukehren, segelte Drake mit seinen zwei verbliebenen Schiffen weit nach Norden. Widrige Wetterbedingungen zwangen ihn am 5. Juni 1579 vor der Küste zu ankern. Er erreichte vermutlich eine Position um 48° n.B. und notierte im Bordbuch, dass es wahrscheinlich keine nördliche Verbindung gibt. Drake erkannte, dass die vermutete Position der „Straße von Anián" nicht stimmen konnte. Darauf änderte er seine Pläne und überquerte schließlich den Pazifik. Der Kartenausschnitt zeigt diese Erkundungen, und dass seine Überquerung an den Molukken endete. (nach Wolf-Ulrich Cropp: Goldrausch in der Karibik – Auf den Spuren von Sir Francis Drake. Delius Klasing Verlag, Bielefeld 2000)

Paul Gallez (1980), ein international bekannter belgisch-argentinischer Gelehrter, hat sich als erster diesem Problem gestellt. Seine Untersuchungen ergaben, dass Kartographen vor und nach Kolumbus mehr von Südamerika wussten als dieser, der den tropischen Subkontinent erst 1498 während seiner dritten Reise entdeckte. Gallez (1980) ist von der Identität der Drachenschwanz-Südamerika-Karten überzeugt, die bekunden, dass Südamerika bereits vor der Wiederentdeckung durch Kolumbus durch unbekannte Entdecker kartographiert war. Der Bonner Professor Hanno Beck (1980) würdigte seine Untersuchungen im Vorwort seines Buches: „Wie konnten Kartographen vor und nach Kolumbus mehr von Südamerika wissen als der weltpolitisch allein folgenreiche Entdecker? Wie ist dieses kartographische Wissen schon vor Kolumbus nach Europa gelangt? Wir stehen damit vor einem Problem, das in der Wissenschaftsgeschichte nicht unbekannt ist: Wir erkennen ein vorhandenes Wissen, nur können wir es (noch!) nicht erklären, wie es zustande kommen konnte. Wer hat Südamerika vor Kolumbus entdeckt?"

Im Folgenden kommt Hanno Beck (1980) zur Schlussfolgerung: „Ich bin überzeugt, dass wir früher oder später Reisen, die den oben dargestellten europäischen Kenntnisstand erklären können, reisegeschichtlich erweisen werden und genau gesehen, sind wir ihnen bereits mehr auf der Spur, als die Öffentlichkeit ahnt" (Beck 1980, 19f).

Der Marmorglobus von Gotha liefert für die Hypothese ein anschauliches Zeugnis. Er dokumentiert den hohen Kenntnisstand der frühen Kartographen. Auch wenn wir über den wahren Autor im Dunkeln tappen, musste er über enormes Wissen, insbesondere über die Gestalt des Südkontinentes Amerikas besessen haben. Erste sporadische Explorationen durch die Spanier brachten keine grundlegenden Änderungen in den Vorstellungen der frühen Kartographen. Erinnert sei nur an die Reise der Flotte von Hano, der 1514 die Magellanstraße zumindest angefahren hatte, dann die Magellan-Expedition selbst (1519-1521), 1526 an die Flotte von Loaysa (Loaisa), 1540 der von Camargo, 1558 hatte sie Ladrillero, vom Pazifik kommend, in beiden Richtungen befahren (Gallez 1980, 32).

Fig. 17:
Die Darstellung Südamerikas einschließlich Feuerlands und der Magellanstraße auf dem Marmorglobus von Gotha. Die hohe Genauigkeit der Gestalt und der Poportionen wurde erst 150 Jahre später wieder erreicht (vgl. die Abbildung von Südamerika auf S. 44 in Fig. 15 aus dem Jahr 1581)

Außer Magellan waren alle diese Seefahrer in diesem Seegebiet ungeheuren Schwierigkeiten begegnet und hatten beträchtliche Verluste an Menschen und Schiffen zu beklagen. Dennoch reichten diese Entdeckungsfahrten nicht aus, die geographische Vorstellung vom Drachenschwanz abzuändern. Der Drachenschwanz hat bis 1574 die Kartographie der Südhalbkugel einschließlich Südamerikas beherrscht. Erste rein kartographische Expeditionen, die verwendungsfähiges Datenmaterial lieferten, wurden von den Engländern unter Drake (1579) durchgeführt. Sie segelten fast die gesamte Westküste ab und bestätigten das bereits von Waldseemüller 1507 aufgestellte Konzept, dass der amerikanische Doppelkontinent ein eigenständiger Erdteil ist (Fig. 15).

Der Globus von Gotha zeigt die Umrisse von Südamerika bis zum südlichen Feuerland sowie die Westküsten in einer derartigen Genauigkeit (Fig. 17), dass auch auf dieser Karte der bloße Blick zeigt, dass es sich hier um eine realistische Darstellung des gesamten Subkontinents handelt. „Feuerland ist vollkommen unter Weglassung der Drake Straße im antarktischen Kontinent aufgegangen" (Gallez 1980, 42). Damit ist der Marmorglobus von Gotha ein weiteres Zeugnis, das auf die Existenz und die Kenntnis des Südkontinents auf älteren Karten verweist. Wie auf den wenigen gleichartigen Karten dieser Epoche wird auch auf dem Gothaer Globus die Drakestraße auf eine kleine Durchfahrt reduziert, die vermutlich die Magellanstraße darstellt. Ähnlich der Finaeus-Karte zeigen sowohl der Marmorglobus von Gotha als auch der von Schöner die Antarktis mit einem ziemlich realistischen Umriss (Fig. 18). Dass die Antarktis bei beiden Globen zu groß angesetzt ist, liegt aller Wahrscheinlichkeit an dem Umstand, dass die Hersteller entweder die falschen Abmessungen von der Finaeus-Karte übernahmen oder die topographischen Daten ursprünglicherer Karten mit dem falschen Umrechnungsfaktor übertrugen. Sie verwechselten, wie im Beispiel der Finaeus-Karte, den südlichen Polarkreis mit dem 80. Breitengrad (Hertel & Hertel 1984, 51). Dieser Fehler ist vermutlich bei allen weiteren Kopien übernommen worden und hat so Einzug in Karten mit Antarktisdarstellungen gehalten.

Fig. 18: Die Antarktis mit den eingezeichneten Umrissen auf dem Marmorglobus.

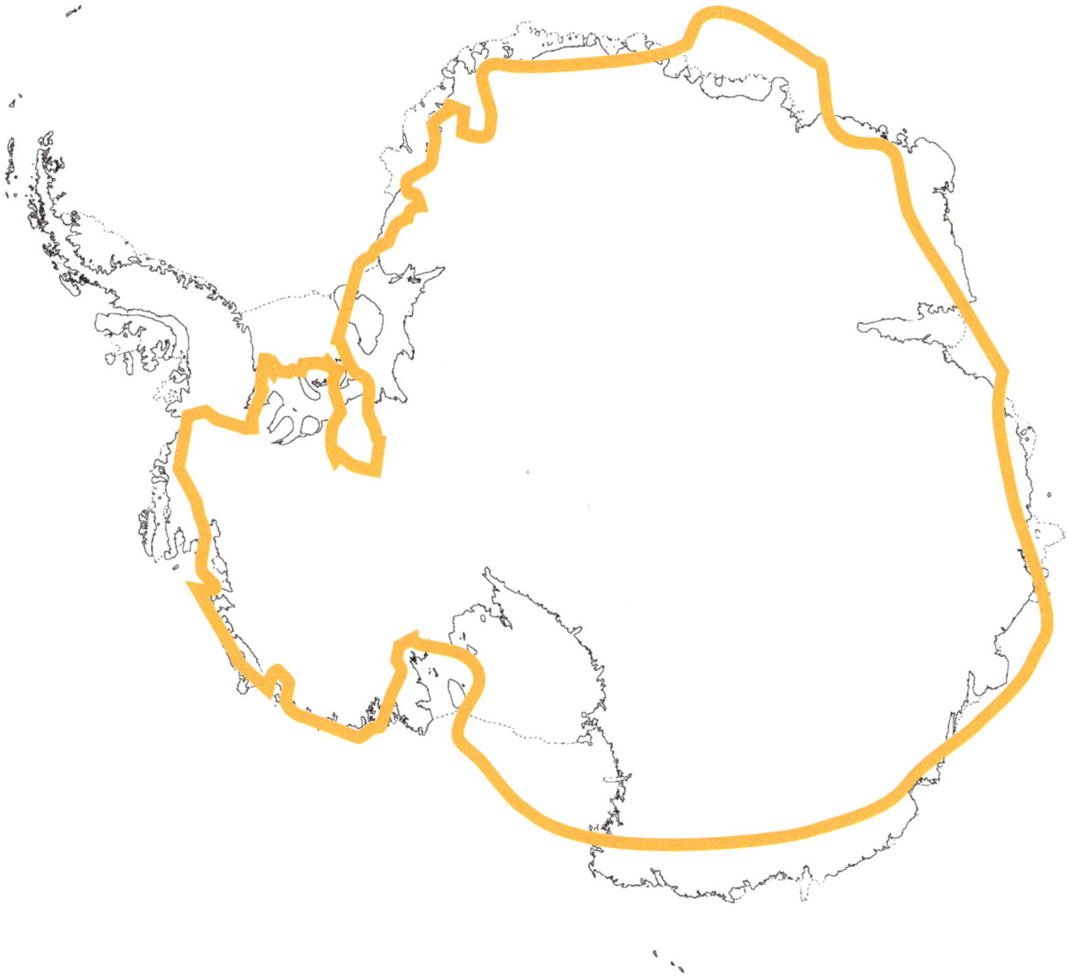

Fig. 19: Der Antarktisumriss vom Marmorglobus auf die Gestalt der heutigen Antarktis übertragen und um etwa 31° gedreht (gelbe Line): Aufschlussreich sind die Symmetrie des großen östlichen Teils sowie die fast identische Lage des Isthmus, der die kleinere West- mit der größeren Ostantarktika verbindet.

Die Forschung besitzt eine Reihe von kartographischen Belegen, dass europäische Gelehrte kurz nach Beginn des 16. Jahrhunderts Kenntnisse über zwei bisher unentdeckte Erdteile besaßen. Woher die Kartographen diese Quellen bezogen, warum das Wissen dieser Karten nicht schon früher in Gebrauch kam und wie alt die Quellen sein könnten, bleibt Gegenstand kontroverser Diskussionen unter zahlreichen Wissenschaftlern. Dennoch gilt: Endgültige Resultate gibt es in der Wissenschaft nicht. Auch die Entdeckungsgeschichte Amerikas, der Antarktis und Australiens kann nicht festgeschrieben werden. Das Fehlen weiterer noch beweiskräftigerer Fakten, die für die Existenz einer vorgeschichtlichen Seefahrtskultur sprechen, kann nicht als Argument gelten, sich nicht einer fundierten wissenschaftlichen Auseinandersetzung zu stellen. Sollte diese dazu führen, dass die „magische Zeitmarke" für den Beginn der interkontinentalen Hochseeschifffahrt noch weiter zurück in die Vergangenheit gelegt werden muss, kann es nur als weiteres Indiz für die Echtheit und Richtigkeit der Karteninhalte gewertet werden. Die Hinweise über antike Karten, die bereits Admiral Piri Reis überlieferte, stellen damit stichhaltige Evidenzen dar, dass spätestens die Menschen in der Antike die Kenntnis über ferne Erdteile besaßen. Verlieren sich damit die Spuren und Hinweise antiker Kartenzeichner im Dunkel der Geschichte?

Ein sensationeller Fund

In der Geburtsstadt des Autors, der mit seinen ABORA-Expeditionen die maritimen Fähigkeiten prähistorischer Kulturen erforscht, existiert seit fast fünfhundert Jahren im Verborgenen eine Darstellung, die er ohne Weiteres für die Rekonstruktion seiner Expeditionsschiffe hätte nutzen können – ein frühdynastisches ägyptisches Schiff!
Bei den Dreharbeiten zum Expeditionsfilm seiner Seereise mit der ABORA III führte er das ZDF Team in seine Heimatstadt Gotha. Dabei machten seine Lebensgefährtin Cornelia Lorenz und er eine sensationelle Entdeckung auf dem Marmorglobus: Östlich des südamerikanischen Kontinents thront eine Schiffsdarstellung, die alle Merkmale eines frühägyptischen Schiffstyps besitzt! Anfangs trauten beide ihren Augen nicht. Doch die sofort durchgeführten Recherchen, Vergleiche mit altägyptischen Schiffsbildern und computergestützte Bildbearbeitungen lassen kaum einen Zweifel an ihrer Entdeckung zu. Die Bildstruktur ist keine optische Täuschung oder ein natürliches Gebilde infolge einer Marmorfärbung. Die Form des Rumpfes ist eine gravierte Struktur im Marmor. Sie ist identisch mit frühägyptischen Holzschiffen mit spitzem Bug und hoch geschwungenem Heck. Die plump wirkenden Decksaufbauten gleichen sogar noch älteren prädynastischen Schiffsbildern aus der Zeit vor 3.100 v. Chr. Diese Bildelemente sind sehr speziell und kommen in dieser charakteristischen Ausführung nur im frühen Ägypten vor. Das Vorhandensein dieses Schiffsbildes ist ein Paradoxon, denn seine Herstellung erforderte exakte Kenntnisse über den ägyptischen Schiffbau. Kein anderer Kartograph jener Zeit, ob aus Nürnberg oder aus Gotha, außer vielleicht der Autor selbst, hatte dieses Wissen über ägyptischen Schiffbau oder hätte es je auf einem Globus des frühen 16. Jahrhunderts verewigen können. Erinnert sei in diesem Zusammenhang, dass die erste wissenschaftliche Expedition nach Ägypten, die auch die wissenschaftliche Auseinandersetzung mit dem kulturellen Erbe der Nilzivilisation einläutete, erst im Jahre 1798 unter Leitung von Napoleon Bonapartes startete.

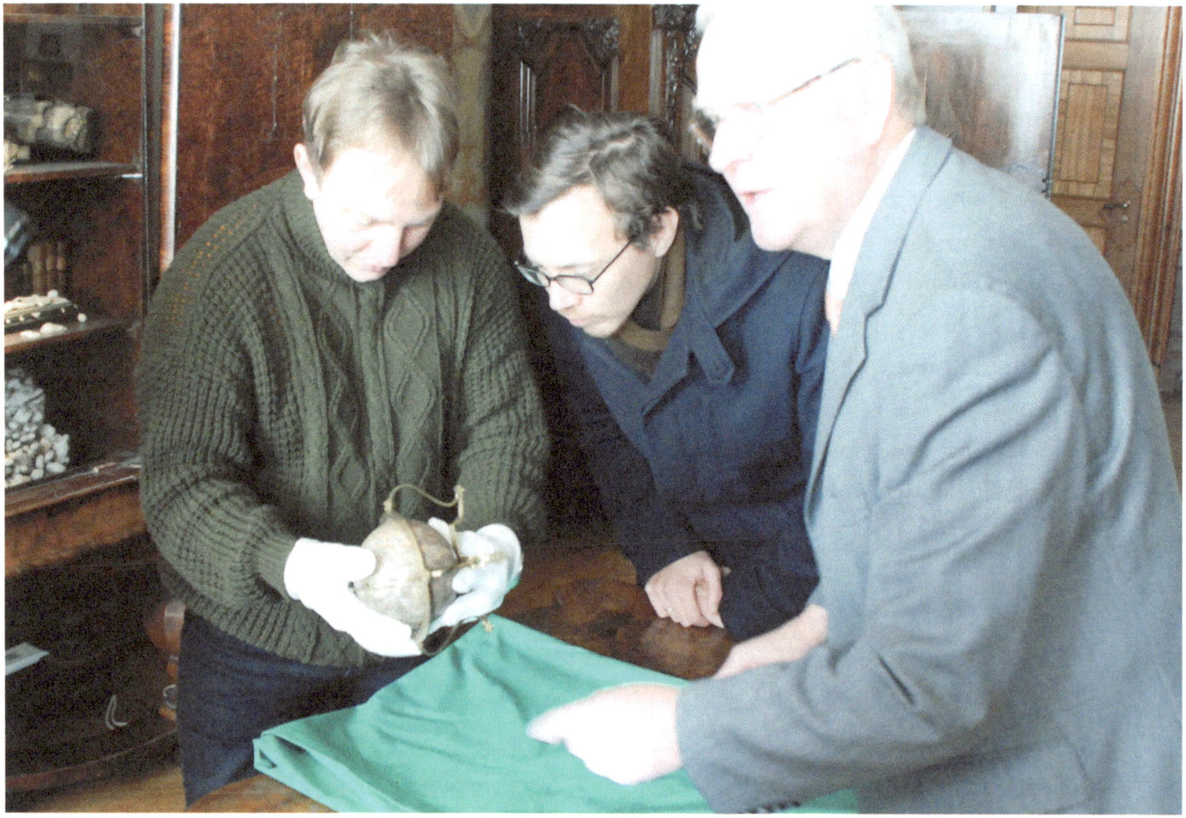

Fig. 20: Vorbereitungen zu den Dreharbeiten des ABORA III Terra X Films. Von links: Dominique Görlitz (Autor), Rudolph Herzog (Regisseur) und Hans-Jürgen Steinbrück (Kartograph) bei der ersten Begutachtung.

Frühere Explorationen, insbesondere in die Trockentäler Nubiens, sind bisher völlig unbekannt. Woher stammt also dieses Schiffbauwissen?
Damit entwickelte sich das Rätsel um den Marmorglobus zu einem echten Wissenschaftskrimi. Sofort fuhren beide Forscher in weitere frühkartographische Ausstellungen nach Bonn, Berlin und sogar in die Library of Congress in Washington. Hier fanden sie das nächste Indiz, das ihre Beobachtung bestätigen könnte. Auch auf der berühmten Waldseemüller-Karte ist nahezu an der gleichen Stelle – und nur dort – eine Schiffsabbildung. Ebenso auf der berühmten Mercator-Karte (1565). Diese Karten zeigen aber ein europäisches Schiff aus der Zeit des 16. Jahrhunderts und kein frühägyptisches Wasserfahrzeug. Liefern diese Beobachtungen eine Erklärung für die Herkunft der Gothaer Cheopsbarke?
Nicht direkt, denn diese Karten stellen christliche Seefahrzeuge dar, wie man es auch für diese Zeit erwarten sollte. Beide Kartenhersteller brüsten sich öffentlichkeitswirksam als Begründer eines neuen Weltbildes und verbergen nicht ihre Autorenschaft, wie es der Hersteller des Gothaer Globus tut. Dazu muss man berücksichtigen, dass Waldseemüller nur wenige Jahre später sein revolutionäres Weltkonzept wieder zurücknahm. Er stellte in späteren Karten die Welt, wie andere Kartographen seiner Zeit, ohne den Pazifik und die zuvor richtig angedeuteten Küsten des amerikanischen Doppelkontinents dar. Warum also die Rückbesinnung zum alten Ptolemäischen Weltbild? Was bewegte Waldseemüller wenige Jahre zuvor, kartographisches Neuland zu beziehen? War es vielleicht der Druck der Kirche?
Hat der anonyme Hersteller des Marmorglobus von Gotha die Umstände dieser Zurücknahme gekannt, und deshalb auf die Erwähnung seines Namens verzichtet? Oder sollte die Kopie eines frühdynastischen Schiffes (Fig. 21) einen Hinweis auf alte ägyptische Quellen liefern? Vielleicht eine Hommage an jene frühgeschichtlichen Entdecker und Seefahrer?
Gegenwärtig gibt es noch keine befriedigenden Antworten auf diese Fragen. Allein die Darstellung der Antarktis und sogar die Beschriftung mit dem künftigen Namen dieses

Fig. 21: Die Darstellung des frühägyptisch anmutenden Schiffes östlich von Südamerika und der Vergleich mit der Waldseemüller-Karte in der gegenüberliegenden Graphik. Beide liegen unterhalb des Äquators und ziemlich auf der gleichen geographischen Länge. Auf dem Marmorglobus ist das Schiff eingezeichnet auf etwa 40° s.B. und 330° w.L. Dass der unbekannte Globushersteller nur ein Schiff auf der beinahe exakten Position der Schiffsabbildung auf der Waldseemüller-Karte darstellte, ist sicherlich eine Anspielung an die berühmte Karte. Weshalb er aber einen altertümlichen Schiffstyp wiedergab, ist eines der großen Rätsel des Marmorglobus von Gotha.

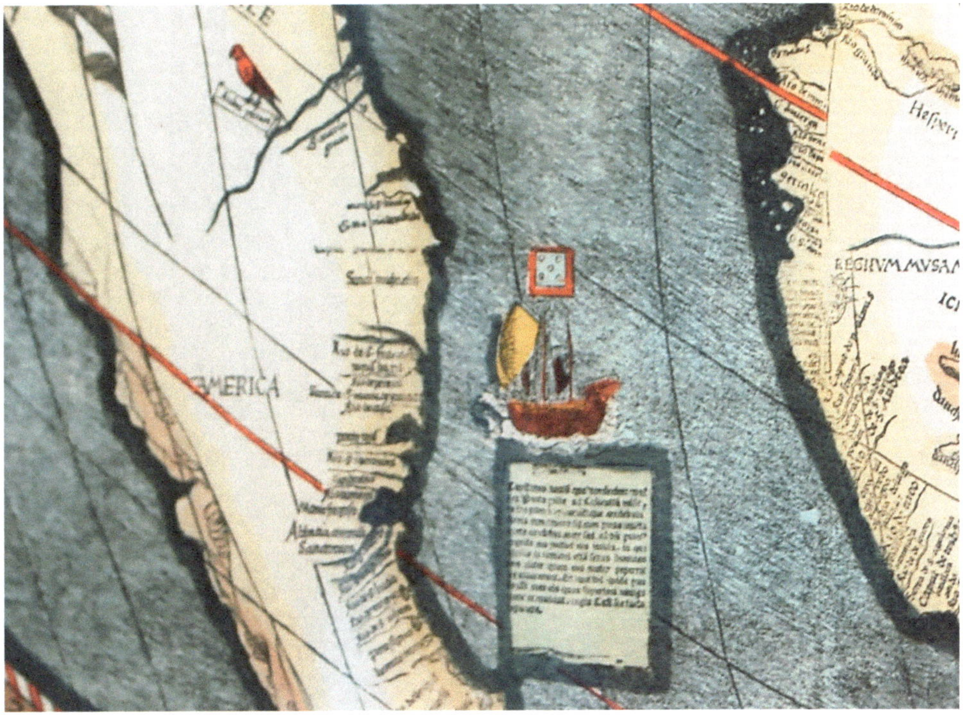

Fig. 22: Die Darstellung der mittelalterlichen Karavelle auf der Waldseemüller-Karte. Ihre Position liegt ungefähr auf 15° s.B. und 350° w.L. Weshalb Waldseemüller nur ein Schiff und an dieser Position darstellte, ist ebenso rätselhaft wie auf dem Marmorglobus. Umso aufschlussreicher sind die Schlussfolgerungen von Waldseemüller in dem Legendenkasten. Hier stellt er sich bewusst gegen die Überlieferungen von Ptolemäus und schließt sich denen von Pomponius Mela und Dionysios Periegetes (um 100–200 n.Chr.) an. Beide waren Befürworter des Weltbildes von Eratosthenes und folgten seinen Angaben über Ländereien jenseits des Atlantiks im Westen (Antipoden). Verfügte Waldseemüller noch über weitere, heute unbekannte Kopien antiker Kartographen, die ihm nicht nur exakte Kenntnisse über die Ausdehnung der Erde, sondern auch der tatsächlichen Lage ihrer Kontinente übermittelten?

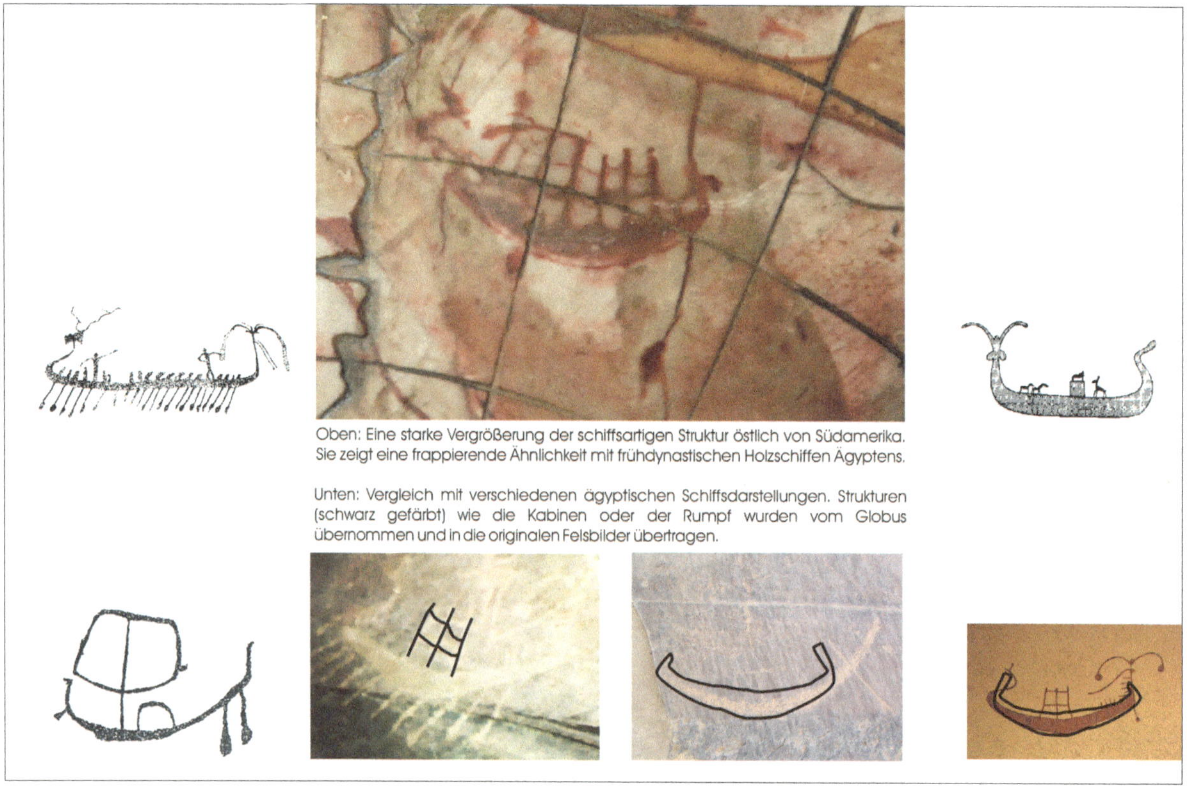

Fig. 23: Bildtafel zur Dokumentation der Ähnlichkeit mit frühdynastischen und altägyptischen Schiffsdarstellungen auf dem Gothaer Globus.

Fig. 24: Die ABORA III vor der Skyline von Manhattan. Ihre bauliche Ähnlichkeit zu der Schiffsdarstellung auf dem Gothaer Globus und der Fakt, dass diese Art Seefahrzeug sogar nordatlantiktauglich ist, liefern weitere Hinweise, dass die frühen Zivilisationen durchaus über die maritime Technologie für Fernerkundungsfahrten verfügten.

Fig. 25: Eine frühdynastische Schiffsdarstellung aus dem Wadi Hammamat nahe Quena, die ein typisches Segelboot der alten Ägypter vor der V. Dynastie zeigt. Es hat große Ähnlichkeit zu dem auf dem Globus in Gotha.

Kontinents, der fast 290 Jahre später entdeckt werden sollte, ist ein schwerwiegender Hinweis, dass die Inhalte auf diesem Globus nicht mit unserem historischen Kenntnisstand in Übereinstimmung zu bringen sind. Damit könnte dieses ägyptisch anmutende Schiffsbild tatsächlich eine geheime Botschaft sein. Kein zeitgenössisches Kunstwerk oder auch späteres Bildnis stellt jemals wieder ein frühägyptisches Seefahrzeug dar. Den einzigen Hinweis für dieses Bildrätsel liefert der türkische Admiral Piri Reis, der etwa 20 Jahre vor der Entstehung des Marmorglobus seine Weltkarte veröffentlichte. Piri Reis stand als islamischer Gelehrter nicht unter dem politischen oder religiösen Druck, wie die europäischen Kollegen seiner Zeit. Hat er deshalb ganz freimütig sein Wissen über die Herkunft dieser geographischen Informationen preisgegeben?
Fragen über Fragen, die, wenn man sie konsequent zu Ende denkt, nur zweierlei bedeuten können: Entweder hatten die frühen Kartographen für wenige Jahrzehnte Zugriff auf das verloren gegangene Wissen der antiken Zivilisationen oder die Entdeckungsfahrten der Europäer sind älter, als wir in den Geschichtsbüchern nachlesen können. Für beide Hypothesen kann die Forschung etliche Hinweise liefern. Doch erschöpfen sich damit die Hinweise für uraltes seefahrerisches und kartographisches Wissen? Gibt es noch ältere Hinweise auf Erkundungsreisen über die Ozeane?

Schifffahrt und primitive Seekarten schon vor 15.000 Jahren?

Die interdisziplinäre Forschung trägt immer mehr Daten und Fakten zusammen, die dafür sprechen, dass es schon vor mehr als 15.000 Jahren Seefahrt und kulturellen Austausch über die Meere gegeben haben könnte. Neue Befunde liefern z.B. kartographische, anthropologische, astroarchäologische und humangenetische sowie nicht zuletzt experimentalarchäologische Forscher. Ihre Forschungsergebnisse legen nahe, dass transozeanische Kontakte über die Kontinente hinweg zurück bis in prähistorische Zeiten datieren. Sie erzählen uns zwar einiges über das mutmaßliche Alter dieser maritimen Aktivitäten, nicht jedoch über das „Wie?" und „Womit?". Hier sind wir auf vergleichende Studien, Felsbildfunde oder auf Beobachtungen über noch heute in Nutzung befindlicher Navigationsmethoden angewiesen. Auch die wenigen Angaben einiger antiker Autoren, die geographische Beschreibungen (z.B. Skylax von Karyanda 5.–4. Jh. v.Chr.), die Segelanweisungen (z.B. Enthymenes um 530 v.Chr.) oder die ersten Segelhandbücher (wie z.B. in der Historia Naturalis von Plinius d.Ä. um 1. Jh. n.Chr.) überbringen, sind wichtige Quellen, die nur wenig in der Kartographiegeschichte Berücksichtigung finden. Dennoch ermöglichen sie uns erste Einblicke, wie man in einer Zeit navigierte, in der es angeblich noch gar keine Karten gab.

Neuere Untersuchungen zu den navigatorischen Fähigkeiten griechischer Seefahrer führte Thurn (2008) durch. In seinem Buch „Die Geburt der Theorie aus dem Instrument" zeigt er am Beispiel des Instrumentenbaus, wie wichtig eine hochentwickelte Zeitmessung für die antiken Griechen war. Zeitmessung war vor allem für Nachtseefahrten zwischen den Mittelmeerinseln relevant, da man in der Nacht wissen musste, wann etwa ein Riff oder eine Untiefe zu erwarten war. Schon bei Herodot wurden Entfernungsangaben in Strecke (Stadien) durch Zeit (Tag, Doppelstunde) für ein

Durchschnittsschiff angegeben. Die Zeit konnte man prinzipiell an der Drehung der Sterne ablesen, da sich (geozentrisch gesprochen) die Sterne in 23h:56min um den Himmelspol (heute der Polarstern) drehen.

Offensichtlich konnten bereits die Phönizier die Zeit bestimmen. Ihre Kenntnisse sollen die Griechen übernommen haben (Thurn 2008, 23ff). In der Seefahrt der Frühen Neuzeit war zur nächtlichen Zeitmessung ein Instrument namens „Nocturnal" gebräuchlich, das sich die (scheinbare) Drehung der Sterne des Großen bzw. Kleinen Bären um den Polarstern zu Nutze machte. Die Zeit ließ sich aber auch mit einfacheren Methoden messen (Thurn 2008, 37ff). In der antiken Schifffahrt, aber auch archäologisch in Ägypten nachgewiesen, waren Lotinstrumente weit verbreitet, mit denen sich Sternpositionen anpeilen ließen (in Ägypten trägt es den Namen merchet, übersetzt: Uhr). Es lassen sich auf Abbildungen von phönizischen und griechischen Seefahrzeugen des 6. Jahrhunderts v.Chr. Stäbe als Peilinstrument – und damit als Alternative zum Lot – nachweisen (Thurn 2008, 59ff). Die ersten sicheren Nachweise für nautische Instrumente gehen auf das 6. Jahrhundert v.Chr. zurück. Aber das Prinzip, die Zeit an der Drehung um den Himmelspol zu messen, muss sehr viel früher erkannt worden sein und ließ sich auch ohne Instrumente anwenden, indem man bestimmte Sternkonstellationen memorierte (Thurn 2008, 33ff). Für Überseefahrten auf den freien Ozeanen war die Bestimmung des Breitengrads viel ausschlaggebender. Hierfür musste man mit der Erfahrung des „Kapitäns" rechnen, denn der Himmelspol (und damit der Breitengrad) ließ sich in Ermangelung eines auffälligen Polarsterns nur durch Beobachtung sehr kleiner Sterne oder ihrer Schnittpunkte bestimmen (Thurn 2008, 160).

Die älteste Breitengradbestimmung belegt Rappenglück (2000). Er wies mit aufwändigen Berechnungen nach, dass bestimmte Höhlenmalereien der voreiszeitlichen Solutréen- und Magdalénienkultur (vor ca. 25.000 bis 11.000 Jahren) astronomische Konstellationen zur Messung der Polarsternposition wiedergeben könnten. Noch viel weiter geht Christine Pellech in ihren Veröffentlichungen. Seit vielen Jahren zeigt Pellech (2000; 2005)

Fig. 26: Das Felsbild von El Castillo wurde 1903 nahe der berühmten Höhle von Altamira bei Santander entdeckt. Im Unterschied zu Fig. 27 & 28 ist es in seiner ursprünglichen Ausrichtung in Azimultalprojektion abgebildet. Es könnte das Kanaren-Golfstromsystem wiedergeben, auf dem Seefahrzeuge in beiden Richtungen den Atlantik überqueren. Diese Interpretation als prähistorische Landkarte ist in der Kunstgeschichte höchst umstritten.

an jungpaläolithischen Felsbildern auf, dass die Menschen des Magdalénien vor 14.000 Jahren möglicherweise das Kanaren-Golfstrom-System befahren und in der Cueva de El Castillo sogar dargestellt haben könnten (Fig. 26). Dafür hat sie viel Kritik einstecken müssen, obwohl sich ihre Kritiker kaum die Mühe machten, ihre Interpretationen mit den tatsächlichen ozeanographischen Begebenheiten zu vergleichen. Geschweige denn hat sich jemand den akademischen Gepflogenheiten entsprechend darum bemüht, in einer Gegendarstellung zu erklären, wie diese großen Ähnlichkeiten in der Darstellung von El Castillo mit den tatsächlichen Verhältnissen auf dem Atlantik zu erklären sind!

In dem Buch „Die Sprache der Zeichen“ führt der Autor George Jean (1994) exemplarisch vor Augen, was man sich in der Felsbildkunde unter gleichgesinnten Forschern über die Wandmalerei von El Castillo vorzustellen hat: „Diese mit Zeichen versehene Darstellung befindet sich auf einer Felswand in der Höhle von Castillo bei Santander, die 1903 gefunden wurde. Die aufgemalten und eingeritzten Figuren wurden von Abbé Brueil abgezeichnet. Hier erkennt man eine Kombination von rechteckigen, gitterförmigen Zeichen sowie punktierte Linien, die bisweilen – nach Meinung der Ur- und Frühhistoriker fälschlicherweise – als Aufzeichnungen über Flurstücke und Fallen interpretiert wurden. Die Verbindung von weiblichen und männlichen Zeichen scheint eine Konstante der prähistorischen Syntax zu sein.“

Männlich und weibliche Zeichen in einer prähistorischen Syntax? Dieser viel gepriesene „prähistorische Syntax“ weht jedem Wissenschaftler ins Gesicht, der es wagt, das unumstößliche Paradigma in Frage zu stellen, dass man in vorgeschichtlicher Zeit keinesfalls zum Bau seetüchtiger Wasserfahrzeuge oder gar zur Herstellung kartenähnlicher Darstellungen fähig war. Ohne auf formale Merkmale, wie auf die geometrische Form der Motive und deren Ausdeutung oder der genutzten gestalterischen Elemente einzugehen, werden diese gitterförmigen Muster und Punktlinien einfach zu weiblichen und männlichen Merkmalen umdefiniert und anschließend zur prähistorischen Syntax stilisiert. Dass man ältere Interpretation, die zumindest noch von möglichen Darstellungen von Flurstücken oder wenigstens der Lage von Fallen ausgingen, ohne Angabe von Gründen als „fälschlich“ abstempelt, untermauert den akademischen Umgang mit dem Vermächtnis der voreiszeitlichen Felsbildkünstler. An dieser Kontroverse wird ein Problem der Wissenschaftstheorie offenbar, das seit langem die Ausdeutung der Hinterlassenschaften der Vorzeit beeinflusst.

Die Theorie über die Entstehung der Hochseeschifffahrt und der ersten Seekarten begründet sich, insbesondere in der Archäologie, auf bestimmten, nicht hinterfragbaren Basisannahmen, so genannten Paradigmen. Die gängigen Theorien der Entstehung der Schifffahrt und transatlantischen Kulturkontakte unterliegen dem Paradigma, dass es vor Kolumbus im Jahre 1492 keine maritimen und kulturellen Wechselwirkungen zwischen den Kulturen der Alten und der Neuen Welt gegeben hat (Heiser 1973, 8ff). Paradigmen sind ihrem Wesen nach weder zu beweisen noch zu widerlegen. Sie sind nach Kuhn (1962) „nichtempirische Voraussetzungen“ wissenschaftlicher Theorien. Pietschmann (1990) unterscheidet zwischen prediktiven Theorien, also solchen, die überprüfbare Voraussagen erlauben, und konsistenten Theorien, deren Aussagewert damit steht oder fällt, wie konsistent, d.h. wie stimmig oder widerspruchsfrei, sie einen umfassenden Sachverhalt erklären. Empirisch beweisen lassen sich die Aussagen konsistenter Theorien jedoch nicht.

Es muss klar gesagt werden, dass es für die zentrale Frage, ob der vorgeschichtliche Mensch aus der Alten Welt den Atlantik überquerte und in Amerika die Entstehung der ersten Indianerkulturen beeinflusste weder eindeutige archäologische, biologische noch kartographische Beweise gibt. Man kann lediglich feststellen: „So könnte es (gewesen) sein“, wobei man aber die Antwort auf die Frage: „War es wirklich so?“, schuldig bleibt (Brestowsky 2009).

Wer, wie Pellech, Rappenglück oder der Autor, in dem Felsbild von El Castillo die Darstellungen von Hochseeschiffen auf den großen Strömungsbändern des Nordatlantiks wiedererkennt, und das vor unglaublichen 14.000 Jahren, muss sich augenblicklich in der Wissenschaft den Vorwurf gefallen lassen, einer Sinnestäuschung und völliger Unkenntnis der Menschheitsgeschichte zum Opfer gefallen zu sein.

Das Felsbild von El Castillo in freier, nicht ideologisierter Betrachtung

Wendet man sich ganz unvoreingenommen dem Felsbild zu, kommt man zu ganz anderen Wahrnehmungen, und die Ausdeutungen der klassischen Wissenschaftler scheinen im Grunde nicht konsistent, d.h. nicht stimmig zu sein. Der deutsche Philosoph Wittgenstein bringt es auf den Punkt: „Was über den Sinn von Zeichen nicht zum Ausdruck kommt, liegt möglicherweise in ihrer Anwendung". Eine solche pragmatische Herangehensweise überträgt die Felsbildinterpretation noch nicht in die reine Empirik, schränkt aber den Raum der Spekulation über die Bedeutung der Bildinhalte erheblich ein. Insbesondere die interdisziplinäre Ausdeutung unter Berücksichtigung der objektiven Bedingungen der Atlantikströmungen oder der physikalischen Gesetzmäßigkeiten beim Segeln können helfen, die rätselhaften geometrischen Strukturen zu interpretieren und somit in objektive Sachzusammenhänge zu bringen.

Christine Pellech äußerte als erste Wissenschaftlerin die Auffassung, dass sich die kreisförmigen Punktlinien sehr genau mit der Lage der Strömungen des Äquatorial- und Golfstroms decken. Dafür verglich sie die Form, die Lage und die Fließrichtung der Strömungen auf dem Atlantik mit den Bildelementen von El Castillo. Als Hochseesegler und Kenner der Strömungssysteme des Atlantiks kann der Autor insbesondere bei der Interpretation des Golfstroms noch weitere, wichtige Argumente hinzufügen, die Pellechs Interpretation untermauern. Der Vergleich der beiden Abbildungen in Fig. 27 und 28 zeigt den von Pellech mit Nr. 2 gekennzeichneten Golfstrom. In der modernen Karte (Fig. 28) wird er als breiter Strom wiedergeben, der nach Verlassen der Straße von Florida (=Nr. 5 Karibische Strömungen) im breiten Bogen in NO-Richtung über den Nordatlantik nach Europa zieht. Das stimmt so jedoch nicht mit den tatsächlichen Verhältnissen überein! In Wirklichkeit zieht der Golfstrom, genau wie auf der 14.000

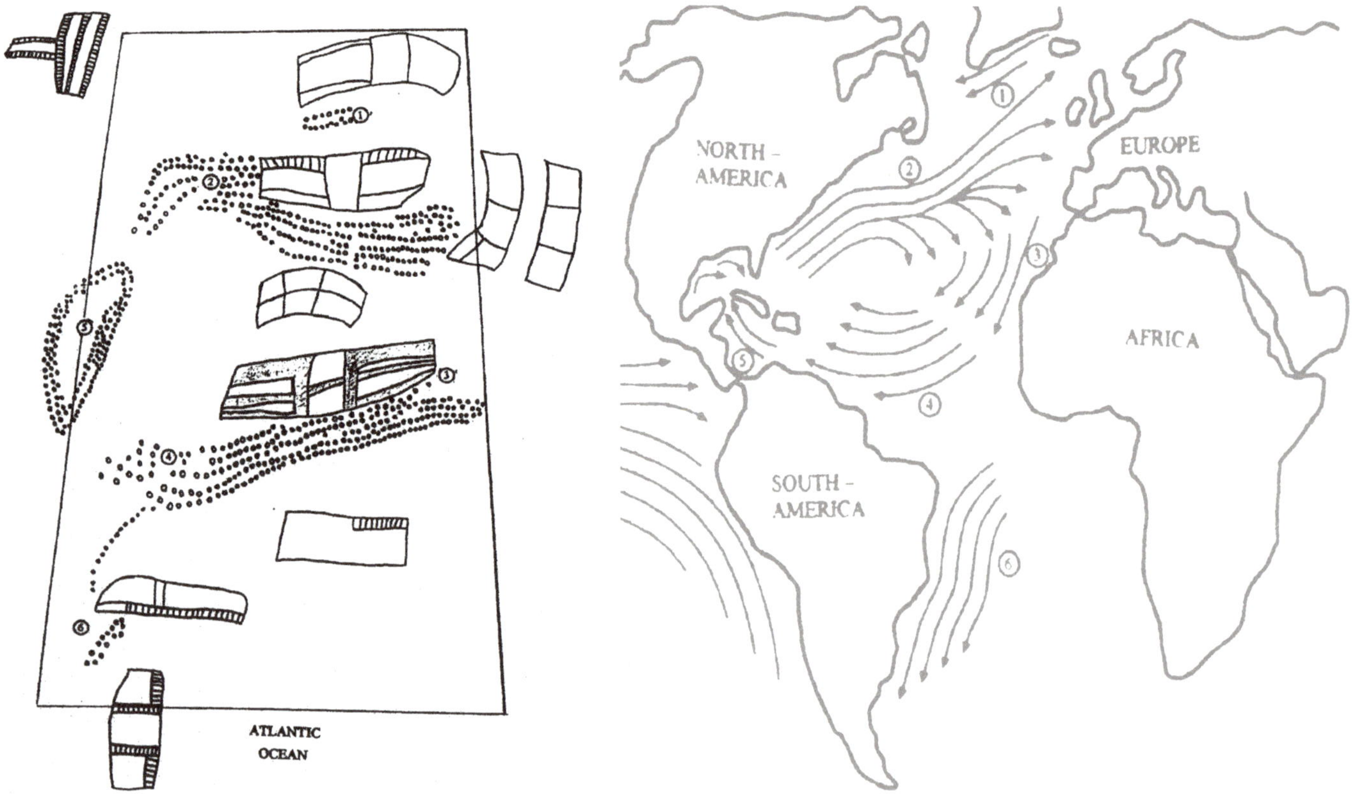

Fig. 27 und 28 (nach Pellech): Für die Darstellung des Kanaren-Golfstrom-Systems verblüffen verschiedene Übereinstimmungen mit den ozeanografischen Bedingungen. Links die Kopie der Felsmalerei und rechts die Ozeanströmungen. Sie wurde zur besseren Anschauung um 90° gedreht, um sie mit dem Verständnis der Mercator-Projektion wahrzunehmen. Die Nummern auf den beiden Bildern zeigen die identifizierten Orte. Die Legende zeigt die nach Pellech (2000) bezeichneten Orte:

1) Ost-Grönland-Strömung, 2) Golfstrom, 3) Kanarenstrom, 4) N-Äquatorialstrom, 5) Karibische Strömungen und 6) den S-Äquatorialstrom.

Fig. 29: Der zentrale und vergrößerte Ausschnitt des Bildes von El Castillo, der auf den vermeintlichen Strömungsbändern zwei besegelte Boote ohne Masten zeigen könnte. Das untere Fahrzeug segelt auf Vorwindkurs im N-Äquatorialstrom platt vor dem Wind nach links, vermeintlich in Richtung Westen. Das obere Boot segelt auf einem Gegenwindkurs in entgegengesetzter Richtung nach rechts, also vermeintlich in Richtung Osten.

Jahre alten Darstellung angedeutet, eng entlang der Ostküste Amerikas in Richtung Norden, um ungefähr auf Höhe von Kap Hatteras im rechten Winkel auf den offenen Atlantik abzudrehen. Dort fächert er sofort auf, um als mäanderndes Warmwasserband in breiten Wirbeln weiter in Richtung Alter Welt zu fluten.

Zudem sind auf den vermeintlichen großen Strömungsbändern (in Fig. 29 oben und unten) möglicherweise zwei besegelte Wasserfahrzeuge dargestellt. Das Weglassen der Masten auf den hypothetischen Seefahrzeugen wird von Pellech (2000) als Hinweis interpretiert, dass man damit keine Schiffe, sondern die Hauptwindrichtungen darstellen wollte. Eigene Untersuchungen zu den aerodynamischen Charakteristiken an den möglichen Segeln können belegen, dass die Art und Weise, wie die Künstler die beiden Segel zeichneten, deutliche Hinweise auf die Windverhältnisse im Atlantik zulassen (Görlitz & Wirth 2007, 132ff). Die untere Bootsdarstellung auf der hypothetischen Südroute mit dem Nordäquatorialstrom zeigt das Segel symmetrisch gezeichnet. Diese Darstellungsweise deutet auf einen Vorwindkurs hin, so wie man ein Rahsegel in diesem Seegebiet platt vor dem Wind trimmen würde (Fig. 29). Im Unterschied dazu erkennt man, dass auf der oberen Bootsdarstellung das Segel am Wind segelnd getrimmt ist. Dafür spricht die taillierte und nach vorn gewölbte Darstellung des Vorderlieks des Segels. Nur durch diese „Profilierung“ entstehen die Unterdruckverhältnisse und der dadurch ausgelöste Sog zum Vortrieb des Schiffs. Diese Schlussfolgerung hat nichts mit den felsbildkundlichen Interpretationen des Autors zu tun, sondern mit den Gesetzen der Physik und der Aerodynamik – sollte das Bild von El Castillo tatsächlich ein Abbild des Atlantiks und seiner Wind- und Strömungsverhältnisse sein. Ein Segelboot fährt nur aufgrund aerodynamischer Gesetze gegen den Wind, weil es durch den Sog an einem profilierten Segel nach vorn gezogen oder besser gesagt, angesaugt wird. Und genau diese unterschiedlichen physikalischen Effekte wurden bei der Anfertigung beider vermeintlicher Segel berücksichtigt: unten mit symmetrischer Segelform platt vor dem Wind; oben mit asymmetrischer und leicht gewölbter Form quer und gegen den Wind.

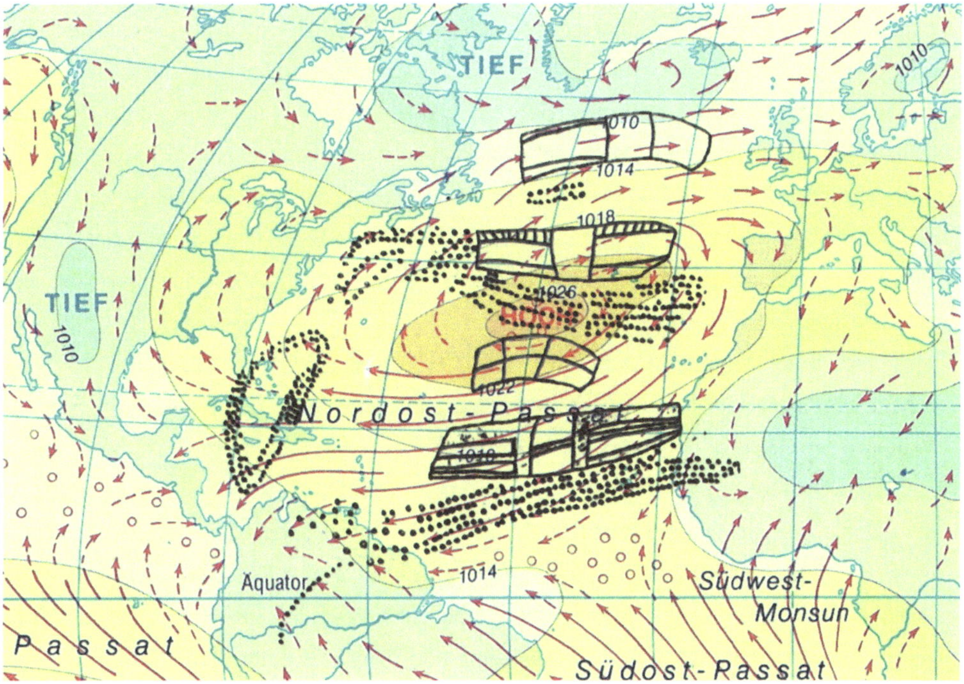

Fig. 30: Die Windkarte des Nordatlantiks für den Monat Juli mit der Überblendung des Felsbildes von El Castillo. Auffällig sind die Windrichtungen (rote Pfeile) des im Uhrzeigersinn drehenden Azorenhochs, das im südlichen Atlantik die gleichmäßig von Ost nach West wehenden Passatwinde entstehen lässt.
Realistisch erscheint die Darstellungsweise des Segels im vermeintlichen Norden. Je weiter ein Boot von Amerika kommend in Richtung Osten (=Europa) segelt, desto mehr dreht der Wind im Azorenhoch auch auf nördliche Richtungen. Ein Rahsegler muss mit Kurs in Richtung Spanien immer dichter an dem aus Nordosten kommenden Wind segeln. Diese Windverhältnisse scheint der Felsbildkünstler mit der spezifischen Segelform berücksichtigt zu haben.

Noch offensichtlicher werden diese Befunde, wenn man die gesamte Szene mit den Hauptwindrichtungen im Atlantik vergleicht. Der klimatische Umstand, dass man auf der so genannten Nordatlantikroute von Amerika aus in Richtung Spanien quer und gegen den Wind segeln muss, scheint in der Darstellung von El Castillo für die Sommermonate berücksichtigt worden zu sein. Diese Erfordernisse deutet das obere Segel mit seinem leicht gewölbten Luvliek an (Fig. 30). Diese Beobachtung liefert eine wichtige Evidenz für die Authenzität dieser außergewöhnlichen Darstellung und der Interpretation von Pellech.

Völlig neue Flachsfunde aus der Zeit um 30.000 v.Chr. liefern weitere Hinweise, dass die Menschen des Jungpaläolithikums bereits zum Spinnen und Weben von Stoffen für die großen Segel fähig waren. In Georgien haben Archäologen größere Mengen an Fäden und Stoffresten von Flachs (Linum spez.) geborgen, die sogar rot, gelb, blau und türkis angefärbt waren (Kvavadze et al. 2009). Diese archäologische Entdeckung untermauert die Felsbildinterpretation von Görlitz & Wirth (2007, 132ff), dass die gewölbten Flächen in dem Felsbild von El Castillo tatsächlich taillierte und am Wind getrimmte Segeltücher aus der Zeit des Jungpaläolithikums darstellen könnten.

Ein weiteres Argument kann den viel zitierten prähistorischen Syntax entkräften: die Linksdrehung des Felsbildes von El Castillo durch Pellech. Diese wurde nur zur besseren Anschaulichkeit vorgenommen, um den Lesern durch die besser vertraute Mercator-Projektion das Wiedererkennen der geographischen Verhältnisse zu erleichtern. In Wirklichkeit ist das Felsbild von El Castillo in Azimutalprojektion erstellt (Abb. 26). D.h. ähnlich wie auf der Piri Reis-Karte (Vgl. S. 26ff) wurden die Verhältnisse von einem Kartenzentrum aus, in dem Fall von Nordspanien, längengetreu in Westrichtung wiedergegeben. Aus diesem Grund erscheinen zentrumnahe Gebiete, wie das nahe Kanaren-Golfstrom-System sehr realistisch. Zentrumferne Gebiete erscheinen auf der gegenüberliegenden Atlantikseite mit dem Golf von Mexiko (nach Pellech mit Nr. 5) in stark verzerrter und vergrößerter Form. Mit anderen Worten: der Felsbildkünstler hat möglicherweise ein Abbild des zentralen und nördlichen Atlantiks erstellt, so wie man es als Betrachter beispielsweise von Kap Finisterra in Nordspanien mit Blick in Westrichtung zeichnen würde. Mit Blick voraus über den Atlantik, also nach vorn, erscheint oben im originalen Wandbild als Teil von Amerika der Golf von Mexiko mit der Straße von Florida (Nr. 5). Im linken Bildteil (bei Mercator im Süden) zieht zuerst der Kanarenstrom (Nr. 3) und dann der Äquatorialstrom (Nr. 4) links vom Betrachter zum oberen Bildteil weg. Der Betrachter würde auch das vermeintliche Segelboot im Äquatorialstrom mit den Passatwinden von sich wegsegeln sehen. Im Unterschied dazu würde ein im Golfstrom (Nr. 2) von Amerika kommendes Segelschiff auf den Betrachter rechtsseitig zusegeln, so wie es das Boot rechts vom Standpunkt des Betrachters wiedergibt (in der an die Mercator-Projektion angelehnten Abb. 27 oder 28 im vermeintlichen hohen Norden). Auf der Überfahrt von New York in Richtung Azoren hat der Autor mit dem Schilfboot ABORA III wie viele Navigatoren die Seekarte häufig in Fahrtrichtung gedreht und die Kurse dokumentiert. Nichts anderes sehen wir auf dem Wandbild von El Castillo: Die ozeanographischen Verhältnisse des Atlantiks in Ost-West-Richtung in Azimutalprojektion!

Was die Felsbildkunst betrifft, so steht das Felsbild von El Castillo ohne vergleichbare Parallelen für eine mögliche kartografische Darstellung da, die uns Aufschluss darüber geben könnten, was die voreiszeitlichen Künstler tatsächlich darstellen wollten. In der Schiffsbautechnik verhält es sich jedoch anders. Dank der Unterstützung des verstorbenen Kunsthistorikers Prof. Heinz Wirth konnte der Autor im Verlauf der letzten Jahre erstaunliche Belege für die Existenz von schiffsartigen Felsbildern vor der Eiszeit sammeln. Eines der beeindruckendsten Beispiele ist das Plankenschiff von Altamira. Es wurde von Prof. Wirth schon vor Jahren analysiert. Es befindet sich auf einer Seitenwand in der berühmten Höhle von Altamira nur 9 km von der Höhle von El Castillo entfernt. Das Felsbild von Altamira liefert einen wichtigen Hinweis dafür, dass die Schiffsbaugeschichte viel älter ist als in den bisherigen Lehrbüchern dargestellt! Diese Ausdeutung

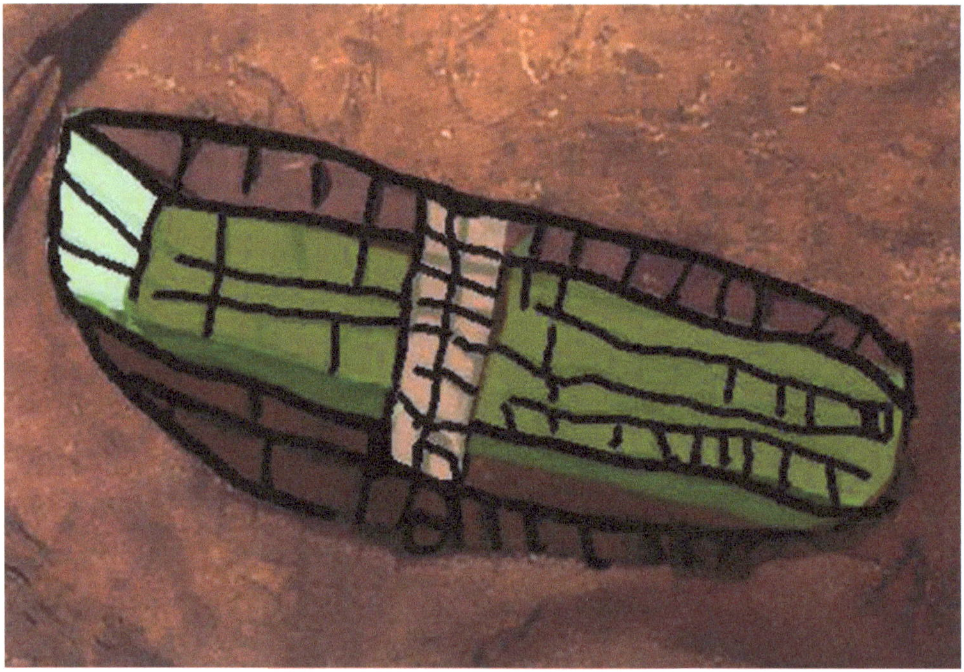

Fig. 31: Mit Falschfarbentechnik hervorgehobene Strukturen des bootsförmigen Objektes aus der Höhle von Altamira. Es deutet dreidimensional die Wannenform und die Plankengänge ähnlich einem bronzezeitlichen Holzschiff an. Das Alter dieser Darstellung wird auf das 12. Jahrtausend v.Chr. geschätzt.

dokumentiert, dass bereits vor 14.000 Jahren ein flachbödiges Plankenschiff entwickelt worden sein könnte. Die Falschfarbengrafik (Fig. 31) könnte wichtige Details von der Reling und der Beplankung wiedergeben, wie sie archäologisch erst ab der Bronzezeit in Ägypten und noch später in England dokumentiert sind. Das berühmte und viele Jahrtausende jüngere „Bronce Age Boat" von Dover zeigt eine ähnliche Rumpfarchi-

Fig. 32: Nahaufnahme des mittleren Rumpfbereichs vom „Bronce Age Boat" von Dover. Es wird auf die Mitte des 2. Jahrtausends v.Chr. datiert und zeigt ähnliche Bautechniken wie man sie auf dem Felsbild von Altamira wiedererkennen kann.

tektur (Fig. 32). Auch hier wurden kurze dicke Planken unter Verwendung einfacher Techniken, wie z.B. querverlaufende Duchten und Nähte, zusammengefügt.
Ganz andere Schiffstypen offenbart die Felsbildanalyse aus der Höhle von La Pasegia. Hier erkennt der Autor auf einer senkrechten Felswand völlig andere Bootstypen wieder. Sie zeigen neben einer ähnlichen Form wie in El Castillo oder Altamira auch

Fig. 33: Das Wandbild scheint beinahe eine Schiffsflotte wiederzugeben. Verschiedene bootsförmig erscheinende Objekte sind nebeneinander dargestellt. Oben ein Objekt, das möglicherweise ein großes Lederboot abbilden könnte. Darunter sehen wir links vermutlich ein Plankenschiff und rechts ein Schilfboot oder ein weiteres Lederboot.

andere Wasserfahrzeugtypen (Fig. 33 und 34), die in den beiden Höhlen nicht erscheinen. Auffällig ist das langgestreckte bootsförmige Objekt, das in der Schiffsmitte sogar eine Art Kiel andeutet (Fig. 33 oben).

Die Vielfalt dieser geometrischen Muster, die angedeuteten hydrodynamischen Formen und technischen Details sind für die Schiffsarchäologie von größtem Interesse. Als Experimentalarchäologe zollt der Autor den technischen Details, insbesondere dem angedeuteten Kiel des Langschiffes, großen Respekt. Dieses Bild könnte erstmals belegen, dass man zum Befahren der Küsten Nordwestspaniens lange vor den Zivilisationen des Altertums zum Bau von seegängigen Lederbooten fähig war. Für das Skelett eines

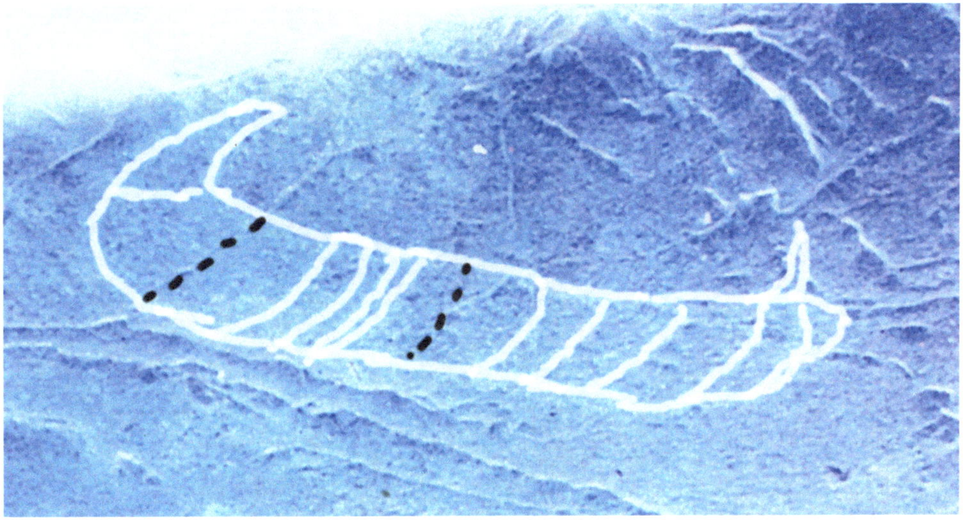

Fig. 34: Für die Existenz von Schilfbooten spricht auch ein etwas weiter rechts befindliches Objekt. Beide Bilder wurden mittels Falschfarbentechnik bearbeitet, um die charakteristische Lasching des Doppelrumpfflosses besser kenntlich zu machen. Sie wurden auch um 90° nach rechts gedreht, was die Bildinhalte jedoch nicht verändert.

solchen Bootes benötigt man keine langen und dicken Baumstämme. Elastische Schösslinge oder Zweige von einigen Zentimetern Stärke, jeder ein paar Meter lang, bilden das Ausgangsmaterial für ein Gerüst aus Längsstringern und Spanten, das mit wasserdicht vernähten Tierhäuten bespannt wurde. Die Traditionen des Hautbootsbaus stammen demnach aus kalten, klimatisch bedingten waldarmen Regionen, in denen das Rohmaterial für Einbäume schlichtweg schwer verfügbar war (Westpfahl 2013). Mit ähnlichen Rekonstruktionen waren Kollegen, wie Tim Severin (Irland) oder Julian Stone (Frankreich), viele tausend Seemeilen auf dem Atlantik unterwegs und konnten die Hochseetauglichkeit dieses Seefahrzeugs nachweisen (Fig. 35).

Fig. 35: Ein nach baskischen Vorlagen konstruiertes Lederboot im Hochseeexperiment auf dem Atlantik. Julian Stone und sein Team wollten beweisen, dass baskische Fischer mit diesen Fahrzeugen zu weitreichenden Handelsfahrten auf dem Atlantik fähig waren. In der Bauweise ähnelt es sehr stark den Befunden auf dem Felsbild von La Pasegia.

Diese felsbildkundlichen Befunde sind keine echten Beweise, sondern nur Evidenzen. Insofern müssen die dargestellten geometrischen Muster nicht unbedingt Schiffsbilder wiedergeben. Das hängt ausschließlich von der Wahrnehmung und dem kulturhistorischen Standpunkt des Betrachters ab. Sie stellen jedoch eine wichtige ikonographische Evidenz für die Theorie dar, dass die Kunstwerke des Jungpaläolithikums keineswegs nur als eine rein symbolische oder gar schamanistische Kunst interpretiert werden müssen. Auch, wenn wir heute keine direkten archäologischen Befunde für die Nutzung hochseetüchtiger Schiffe im Jungpaläolithikum besitzen, legen diese Darstellungen nahe, dass die technischen und intellektuellen Fertigkeiten jener Menschen viel höher entwickelt waren. „Archäologen sind empirisch auf handfeste Daten fixiert, die sich wiederum auf unvergängliche Materialien beschränken. Nach Meinung des Autors liegt ein Grund dafür, dass Archäologen fortgesetzt die Fähigkeiten und Technologien früher Menschen unterschätzen darin, dass ihre Interpretation von steinernen Überbleibseln abhängig ist. Dieses Faktum hat viele Archäologen dahingehend beeinflusst, zu schlussfolgern, dass abgesplittertes Stein-Werkzeug der primäre, wenn nicht einzige Werkzeug-Typ war, den spät-pleistozäne Populationen verwendeten." (Arbuthnot 2012).

Schlussfolgerungen für den Forschungsgegenstand

Alle Zeitalter hindurch hatten die Zivilisationen des Altertums aktiven Verkehr mit Kulturen in weit entfernten Regionen auf der Welt. Es wird allgemein angenommen, dass der „Kosmopolitismus" in den menschlichen Beziehungen ein ziemlich neuartiges Phänomen darstellt. Tatsächlich ist die Kultur schon immer international gewesen. Bereits die Dämmerung der menschlichen Zivilisation beginnt mit Industriekapitänen und geschäftlichen Unternehmern. Weder historische Ereignisse noch sich kreuzende, wissenschaftliche Strömungen können die einzigartigen Parallelen und archäologischen Ähnlichkeiten der Alten und der Neuen Welt widerlegen. Transozeanische Kontakte über die Kontinente hinweg datieren bis in prähistorische Zeiten zurück. Handelsbeziehungen, die der Migration von Völkern vorausgingen, entwickelten sich zwangsläufig zu kulturellen Beziehungen (Londhe 2008).

Evidenzen für kulturelle Kontakte zwischen den alten Zivilisationen sind vorhanden und lassen sich dank verstärkter interdisziplinärer Forschungen eindrucksvoll belegen. Die Frage, ab wann das „Global Village" als kultureller und wirtschaftlicher Komplex tatsächlich zu existieren begann, ist bisher nur in Ansätzen geklärt. Als Ausdruck für dieses Beziehungsgeflecht können die Rätselkarten der Frühkartographie angesehen werden. Sie stellen vermutlich ein viel älteres Wissen dar, das von hohem geographischen Kenntnisstand zeugt und nach unserem Geschichtsbild im beginnenden 16. Jahrhundert noch gar nicht entdeckt worden war. Die Karten über die Welt = „mappa mundis" sind immer auch ein wirtschaftliches Bekenntnis gewesen, da sie Angaben über die involvierten Länder, die Handelsgüter, die klimatischen Bedingungen und auch die Nachbarkulturen offenbaren. Dass die moderne Geschichtsforschung diesen authentischen Hinweisen nicht die Bedeutung beimisst, die sie eigentlich verdienen, ist für die Wissenschaft zwar hinderlich, wird aber die Forschung und den Erfolg des Kultur-Diffusionismus nicht aufhalten können. Dafür sind die aufgedeckten Fakten und Befunde zu offenkundig.

Der von uns heute häufig belächelte Stand alter Technologien erweist sich bei einer genaueren Überprüfung oft überraschend fortschrittlich. Neue experimentalarchäologische Forschungen mit den ABORA Expeditionen, die invasionsbiologischen Erkenntnisse und das Studium der frühen Karten sind Themen, die einen neuen Zugang zu Fragen des interhemisphärischen Kulturaustausches liefern. Mit dem vorliegenden Buch soll aufgedeckt werden, dass die Entdeckung der Welt nicht erst mit den Europäern der frühen Neuzeit begann. Die Darstellung der beinahe exakten Küstenverläufe der Antarktis auf der Finaeus-Karte (1531) oder die unglaublich exakten Westküsten Südamerikas auf dem Marmorglobus von Gotha (1533) liefern wichtige Hinweise, dass dieses Wissen vermutlich viel älter ist und aus Quellen stammt, die heute nicht mehr auffindbar sind. Antike Autoren, wie Pomponius Mela (1. Jh. n.Chr.) oder Eratosthenes (3. Jh. v.Chr.), überliefern weitere wichtige Hinweise, dass die Länder jenseits des Atlantiks bereits in der Antike entdeckt waren oder zumindest in dieser Zeit noch bekannt waren.

Völlig anders verhält es sich mit den Kunstwerken des Jungpaläolithikums vor mehr als 14.000 Jahren. Welche Bedeutung, welche Bildinhalte und welche Botschaften die geometrischen Muster auf den Höhlenbildern von El Castillo oder La Pasegia überliefern, wird wohl immer Streitpunkt zwischen Archäologen, Felsbildforschern und Kulturhistorikern bleiben. Dabei bekunden sie fundamentale Hinweise sowohl auf das Vorhandensein von Seefahrzeugen als auch ozeanographischem Wissen in dieser Zeit. Wie sonst wollte man den Umstand erklären, dass diese geometrischen Motive, die Schiffsrümpfe, taillierte Segel oder das Kanaren-Golfstrom-System wiedergeben könnten, von vielen Menschen wahrgenommen werden, wenn sie sich unvoreingenommen mit diesen Bildinhalten beschäftigen. „[Doch] wer die Bilder, die eine Kultur hervorgebracht hat, systematisch außeracht lässt, hat wenig Aussicht, sich von dieser Kultur, erst recht vom religiösen Symbolsystem, an dem sie sich orientiert hat, ein auch nur einigermaßen adäquates Bild machen zu können" (nach Keel&Uehlinger). So verwundert es nicht, dass neueste humangenetische Ergebnisse, die transatlantische Reisen zwischen Westeuropa und der Ostküste Nordamerikas vor mindestens 15.000 Jahren zweifelsfrei belegen, seit Jahren konsequent ignoriert werden. Gleiches trifft für die Studien des Autors zum Thema der rätselhaften Tabak- und Cocainfunden in ägyptischen Mumien zu. In seiner Dissertation setzte er die Forschungen von Dr. Svetlana Balabanova fort. Doch auch in diesem Forschungsgebiet gilt der Umstand: Es wird vielfach in der Archäologie nach dem Motto ignoriert – es kann nicht sein, was nicht sein darf (Balabanova 1997). Dabei werden die ägyptischen Tabakfunde durch viele weitere neuweltliche Pflanzenfunde in der Alten Welt untermauert. Gar nicht zu reden über die afrikanischen und asiatischen Kulturpflanzensippen, die plötzlich in der Neuen Welt erscheinen, ohne dort natürliche Vorfahren zu besitzen (Görlitz 2012). Diese Kulturpflanzenübertragungen bestätigen im hohen Maße das neue „mobilistische" Bild der vorzeitlichen Kulturgesellschaften und, dass die Zivilisationen des Altertums nicht in einem kulturellen oder wirtschaftlichen Vakuum entstanden sein können (Dales 1962). Ihnen muss eine Epoche des kulturellen Austausches und der gegenseitigen Beeinflussung vorausgegangen sein.

An dieser Stelle darf auch die Atlantis-Legende von Platon nicht unerwähnt bleiben. In dieser äußerst kontrovers diskutierten Überlieferung ging es Platon offenbar nicht nur um die Vermittlung seiner Staatsphilosophie, sondern auch darum, der griechischen Gesellschaft eine Art zivilisationsgeschichtlichen Spiegel vors Gesicht zu halten. Dabei orientierte er sich am Ideal des allgemeingebildeten, interdisziplinär denkenden und arbeitenden Gelehrten sowie an der Frage: „Woher kommen wir, wer sind wir, wo gehen wir hin?" Vor dem hier geschilderten Hintergrund anzunehmender früher und frühester interkontinentaler Seefahrt ist dabei durchaus nicht mehr auszuschließen, dass er auch über fragmentarisches Wissen zu globaler Geographie sowie über ebenso bruchstückhafte Kenntnisse prähistorischer Ereignisse verfügte (Beier 2013).

Das sind Fragen, die sich nach Meinung des Autors nur beantworten lassen, wenn wir das bisher in der Forschung dominante Modell einer linearen Zivilisationsentwicklung kritisch hinterfragen, und die Möglichkeit zyklischer Entwicklungsprozesse verstärkt in die kulturhistorische Analyse mit einbeziehen. Deshalb geht er davon aus, dass das innovative Potential der Menschheit in der Vorgeschichte bereits bedeutsamer war, als heute allgemein angenommen wird. Der Autor betrachtet es als wesentliche Aufgabe der Altertumswissenschaften, herauszufinden, welche Mechanismen zum Aufstieg, zur Blüte und schließlich zur Dekadenz und dem Niedergang von Kulturen führten. Ein zentraler Ansatzpunkt ist für ihn dabei die Seefahrtsgeschichte der Menschheit, insbesondere vor dem Hintergrund der Hypothese, dass die Rätselkarten der Frühkartographie vielfach versteckte Hinweise über sehr viel ältere kulturelle Wechselwirkungen bewahren.

Es gibt noch immer keine verlässliche Methode, wie man Kulturdiffusion von konvergenten Eigenentwicklungen unterscheiden kann. Für die Rekonstruktion des kartographischen Wissens der Frühzeit ist es eine der großen Herausforderungen, herauszufinden, welche Völker bei der überseeischen Migration involviert waren. Keinesfalls können die kulturhistorischen Leistungen der Kulturen des Altertums die Stunde „Null" unserer Zivilisation gewesen sein. All diesen Kulturgesellschaften muss eine Entwicklung vorausgegangen sein, deren Anfänge in der Vorzeit liegen. Das „Global Village" ist viel älter und hat vermutlich in Vorstufen bereits in der Steinzeit existiert. Die spärlichen Hinweise aus der Antike oder von deren Abschriften in den Rätselkarten der Frühkartographie könnten in Wirklichkeit nur ein kläglicher Wiederhall von viel älteren Entdeckungsreisen sein. Doch dieses Wissen lässt sich durch die moderne Forschung kaum rekonstruieren und wird somit unauffindbar bleiben. Zumindest solange bis neue Forschungsmethoden oder spektakuläre Zufallsfunde alles wieder auf den Kopf stellen und die Forschung wieder von vorn anfangen muss.

Gotha als ein Zentrum der Naturwissenschaften in Thüringen

Ernst I., der Fromme (1601–1675) wurde im Jahre 1640 Herzog von Sachsen-Gotha. Seit seiner Übernahme der Regierungsgeschäfte entwickelte sich das Bildungswesen im Herzogtum Gotha stärker als in den benachbarten Territorien. Herzog Ernst I. legte durch das Wirken bedeutender Theologen und Pädagogen in Gotha, wie Friedrich Myconius, Christian Löffler und Andreas Reyher, den Grundstein für den Aufschwung des Bildungswesens in ganz Deutschland. Auf sein Konto gehen auch die Errichtung einer Kunstkammer und der Kauf mehrerer Teleskope. In diesem Zusammenhang steht vermutlich auch der Erwerb der ersten kartographischen und astronomischen Globen. Ob der Marmorglobus (1533) mit diesen Aktivitäten von ihm erworben wurde oder bereits zuvor zum Bestand seines Vaters Herzog Johann III. von Sachsen-Weimar (1570–1605) gehörte, ist nicht überliefert. Alle Historiker stimmen jedoch darin überein, dass Ernst der Fromme gesellschaftlich auf vielen Feldern Neuland betrat. Seine Reformtätigkeit betraf jedoch nicht nur die Verwaltung und die Bildungspolitik, sondern auch die Belebung von Wissenschaft und Astronomie in der Spätrenaissance. Deshalb ließ er 1649 ein achteckiges Haus auf dem Inselsberg für astronomische Beobachtungen errichten, was letztlich den Beginn des astronomischen und kartographischen Schaffens in Gotha einleitete.

Nach etwa 150 Jahren trat Herzog Ludwig Ernst II. von Sachsen-Gotha und Altenburg (1745–1804) das naturwissenschaftliche Erbe von Ernst dem Frommen an. Er war der Begründer der modernen astronomischen Epoche und Stifter der Schloss- und der Seebergsternwarte in Gotha. Um seine astronomischen Neigungen zu leben, hatte sich der Herzog vor dem Bau der Seebergsternwarte auf dem östlichen Flügel des Schlosses ein kleines Observatorium errichten lassen. Auf dieser Sternwarte hat der Herzog besonders in den Jahren 1787–1791 eifrig beobachtet (Heimatblätter 1942, Heft 8). Am 22. Juni 1786 trat Franz Xaver von Zach in seinen Dienst. Sein reiches Wissen, sein blendender Geist und Witz brachten ihn bald in die hohe Gunst beim Herzog und noch mehr aber das Interesse bei der Herzogin Anna Amalia ein. In den letzten Lebensjahren des Herzogs musste eine Entfremdung zwischen beiden stattgefunden haben, denn am Ende seiner Regierung war Herzog Ernst II. nicht mehr ein so eifriger Anhänger der Astronomie. Dennoch erlangte Gotha in den ersten Jahren ihrer fruchtbaren Zusammenarbeit seine ersten Höhepunkte in der Astronomie und Geodäsie. Unter Anleitung von Zachs ließ Ernst II. die Seebergsternwarte Gotha (1791) errichten, die sich zu einem europäischen Zentrum der Astronomie entwickelte. Es folgten 1798 der erste internationale Astronomenkongress in Gotha und 1800 die Gründung der ersten astronomischen Zeitschrift „Monatliche Correspondenz zur Beförderung der Erd- und Himmelskunde" (MC). Carl Friedrich Gauß (1777–1855) bewarb sich in dieser Zeit vergebens um eine Ausbildung auf der Seebergsternwarte (Urania Kultur- und Bildungsverein Gotha e.V. 2005, 7ff).

Am 26. Oktober 1802 erhielt von Zach (Direktor der Herzoglichen Sternwarte) ein in sehr gnädigen Worten gehaltenes Kabinettsschreiben des Königs Friedrich Wilhelm III. von Preußen. In diesem Schreiben beauftragte er von Zach mit der Leitung der kartographischen Vermessung des von ihm erworbenen Erfurter und des Eichsfelder Gebietes und der dazu notwendigen astronomischen Bestimmungen. Die Arbeiten sollten nach von Zach mit dem lange gehegten Wunsch einer Gradmessung verbunden gewesen sein (Die Gothaische Gradmessung). Anfang März 1803 überreichte von Zach Herzog Ernst II. ein „Pro memoria einer Gradmessung" mit der Bitte um den Kauf der nötigen Instrumente und der Bereitstellung der Geldmittel. Die Sternwarte Seeberg sollte zur Bestimmung der geographischen Lage als Zentrum der Gradmessung fungieren. Für die Eckpunkte des Dreiecksnetzes wurde als südliche Basis ein Punkt in der Nähe von Schwabhausen und als nördliche Basis ein Messpunkt bei Ballstädt

Fig. 36: Gedenktafel nahe der ehemaligen Seebergsternwarte Gotha zu Ehren des 250. Geburtstages von Franz Xaver von Zach im Jahr 2004. Er leitete das astronomische Interesse von Herzog Ernst II. in naturwissenschaftliche Bahnen und leistete bei der Vermessung des thüringischen Landes große Verdienste.

ausgewählt. Das Werk der Gradmessung erlitt im Frühjahr 1804 durch den Tod Herzog Ernst II. einen unersetzlichen Verlust und führte zum sofortigen Stillstand der Vermessungsarbeiten. Von Zach wurde am 11. Mai 1804 auf besonderen Wunsch der Herzog-Witwe zu ihrem Oberhofmeister ernannt und wechselte mit ihr nach Weimar. Die mit großen finanziellen Mitteln unternommene Gradmessung war somit kläglich gescheitert (report passim. Vortrag Dr. Oliver Schwarz am 23.10.2004).

Dennoch diente die Gothaische Gradmessung als Grundlage für das unter der Leitung von Kühnemann, Graf von Schmettau und Freiherr von Müffling von 1802 bis 1806 vermessene Thüringer Triangulationsnetz der Landesaufnahme. Freiherr von Müffling benutzte von 1819 bis 1820 das südliche Ende der Gothaischen Messung für die Müffling'sche Dreieckskette I. Ordnung vom Rheinland bis Schlesien. Und schließlich fand die südliche Basis der Gradmessung noch Verwendung von Karl Friedrich Gauß, der in den Jahren von 1821 bis 1823 für das Königreich Hannover eine Gradmessung ausführte. In den folgenden Jahrzehnten entwickelte sich Gotha beständig weiter. Nicht zuletzt legte die Gründung des Justus Perthes Verlages, die bereits im September 1785 erfolgte, einen weiteren Grundstein für die herausragende Rolle Gothas als bedeutender Standort geographischer und kartographischer Publikationstätigkeit (Urania Kultur- und Bildungsverein Gotha e.V. 2005, 2). Überträgt man diese Gothaer Traditionen in den historischen Kontext, kommt man nicht umhin, festzustellen, dass man auch von Gotha aus begann, in der Neuzeit die Welt ein zweites Mal zu vermessen, nachdem der Kartograph Eratosthenes in der Antike die Welt zum ersten Mal erstaunlich genau vermaß. Gotha hat für die neuzeitliche Vermessung und kartographische Darstellung der Welt einen großen Beitrag geleistet.

Fazit

Als bedeutendes Symbol für die sehr frühen kartographischen Traditionen Gothas sowie für die Verbindung zwischen der Antike und der Moderne kann der Marmorglobus von Gotha gelten. Er steht als ein wenig beachtetes Glied in einer langen Entwicklungsreihe kartographischer Entdeckungen, die irgendwo im Dunkel des Altertums begannen und mit den Bemühungen der Renaissance zur Erkundung der Welt wieder auflebten. Viele Bildelemente oder Küstenverläufe auf dem Marmorglobus erscheinen dem heutigen Betrachter widersprüchlich oder als Phantasieprodukte eines unbekannten Globenherstellers. Sie jedoch als Zeugnis für sehr alte vorkolumbische, interkontinentale Entdeckungsfahrten anzusehen, passt noch immer nicht in das kulturhistorische Bild, dass bereits die Zivilisationen des Altertums zu transozeanischen Fernerkundungsreisen fähig waren. Gerade das ägyptisch anmutende Schiffsbild auf dem Marmorglobus von Gotha könnte ein Indiz für diese Hypothese sein, dass das kartographische Wissen auf den Rätselkarten von älteren antiken, heute nicht mehr auffindbaren Karten stammt. In diese Richtung tendieren weitere Forschungsergebnisse und die Dissertation des Autors, die den geobotanischen Nachweis über die transatlantischen Ausbreitungsmechanismen in der Vorzeit verbreiteten Kulturpflanzen führt, dass bereits die Menschen des Altertums einen Handelskontakt in die Neue Welt pflegten.

Diese ersten Ergebnisse erfordern tiefgründige Forschungen, um mehr Erkenntnisse zu gewinnen und weitere verborgene Botschaften auf dem Globus zu entschlüsseln. Vielleicht liegen in den Archiven der Gothaer Forschungsbibliothek und der Stiftung Schloss Friedenstein noch weitere kulturhistorische Schätze verborgen, die auf ihre Entdeckung warten. Wenn die Menschen jedoch erwarten, dass die Wissenschaft auf alle Rätsel der Kartographiegeschichte befriedigende Antworten liefern wird, so muss man den interessierten Leser leider enttäuschen. Wahre Wissenschaft führt in Wirklichkeit immer nur dazu, dass Wissenschaftler noch tiefgründigere Fragen stellen. Damit bleibt das Geheimnis um den Marmorglobus de facto unbeantwortet. Das ist die Botschaft, die der Marmorglobus von Gotha über die Anfänge der Kartographie überliefert.

Fig. 37: Die Karte von Diego Ribero von 1527. Er war ein Kartograf und stand in den Diensten Karls V. von Spanien. Riberos bedeutendster Verdienst ist die Erstellung der Karte „Padrón real" mit einer sehr exakten Darstellung von Mittel- und Südamerika. Dort zeigt er die Westküsten als aufgelöstes Küstenband, so wie man die Gestalt der Neuen Welt bis in die 30ziger Jahre des 16. Jahrhunderts erkundet hatte. Woher erhielten dann Waldseemüller (1507) und Schöner (1515-1533) ihre Kenntnisse über den prinzipiellen Verlauf der Westküsten Südamerikas und ihrer geographischen Trennung von Asien?

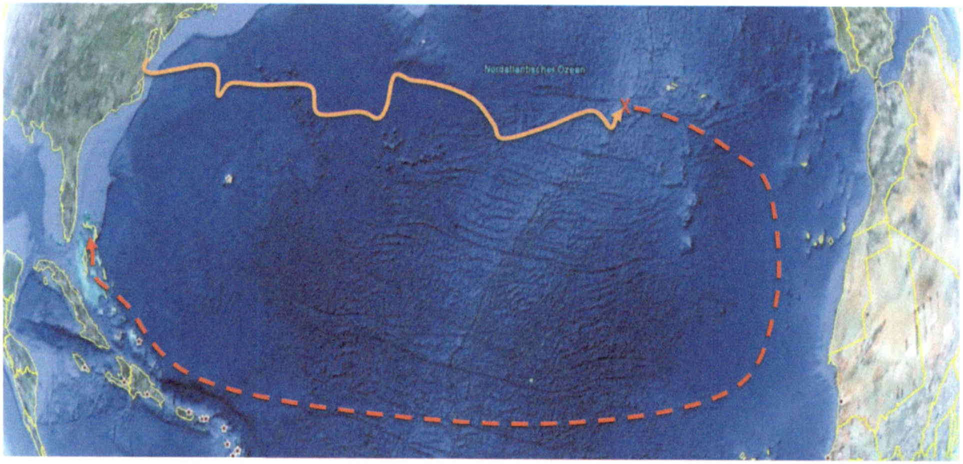

Fig. 38, 39, 40: Die Erforschung der Ozeane und deren kartographische Entdeckungen offenbart viele Überraschungen. So auch kurz vor Drucklegung dieses Buchs. Die beiden Amerikaner Jack W. Bowers und Chris Brand fanden am Strand (r.) von Abaco (Bahamas) die Flaschenpost der ABORA III, die die Crew der ABORA III (l.) ca. 1100 Tage vorher kurz vor der Abbergung in der Nähe der Azoren dem Atlantik übergeben hatte.

Literatur

Akcura, Y. (1935): Piri Reis Haritasi Hakhanda Izahname – Die Karte des Piri Reis – Piri Reis Map – Carte de Piri Reis. Istanbul.

Arbuthnot, M. (2012): „Geschichte des Niedergangs der Diffusions- und Migrations-Theorien". In: http://wiki.atlantisforschung.de/index.php/Geschichte_des_Niedergangs_der_Diffusions_und_Migrations-Theorien

Balabanova, S. (1997): Die Geschichte der Tabakpflanze vor Columbus außerhalb Amerikas sowie das Rauchen im Spiegel der Zeiten. Innovations-Verlags-Gesellschaft, Seeheim-Jugenheim.

Beck, H. (1980): Vorwort zur 1. Auflage. In: Gallez, P.: Das Geheimnis des Drachenschwanzes – Die Kenntnis Amerikas vor Kolumbus. Dietrich Reimer Verlag, Berlin.

Beier, B. (2013): Wissenschaftsphilosophischer und -geschichtlicher Hintergrund Kulturforschung. In: http://de.wikipedia.org/wiki/Dominique_Görlitz

Brestowsky, M. (2009): Evolution – ein Forschungsfeld im Grenzbereich. Naturwissenschaftliche Rundschau 1:16–19.

Dales, G.F. (1962): Harrapan Outposts on the Makkran Coast. Antiquity. Bd. 36, Nr. 142: 86ff.

Gallez, P. (1980): Das Geheimnis des Drachenschwanzes – Die Kenntnis Amerikas vor Kolumbus. Dietrich Reimer Verlag, Berlin.

Görlitz, D. & Wirth, K.-H. (2007): Abora II – With a Reed Boat across the Sea of Stars. Chemnitz.

Görlitz, D. (2012): Prähistorische Ausbreitungsmechanismen transatlantisch verbreiteter Kulturpflanzen, Dissertation, Universität Erlangen-Nürnberg, dmz Gotha

Hapgood, C.H. (1979): Maps of the Ancient Sea Kings. Evidence of Ancient Civilization in the Ice Age. E.P. Dutton, New York.

Heimatblätter (1942), Heft 8.

Heiser, C.B. (1973): Seed to civilization. The story of manęs food. Freeman, San Francisco.

Hertel, G. & Hertel, P. (1984): Ungelöste Rätsel alter Weltkarten. Hermann Haack, Gotha.

Horn, W. (1976): Die alten Globen der Forschungsbibliothek und des Schlossmuseums Gotha. Veröffentlichungen der Forschungsbibliothek Gotha, Heft 17, Gotha.

Jean, G. & Baatz, W. (1994): Die Sprache der Zeichen. In: Abenteuer Geschichte, Bd. 44, Ravenburger Buchverlag.

Johnson, D.S. (1994): Fata Morgana der Meere – Die verschwundenen Inseln des Atlantiks. Diana Verlag, München, Zürich.

Kahle, P. (1926): Piri Reis und sein Bahrije. Walter de Gruyter & Co., Berlin, Leipzig.

Kuhn, T.S. (1962): Die Struktur wissenschaftlicher Revolutionen. Surkamp Verlag, Frankfurt a.M.

Kvavadze, E., Bar-Yosef, O., Belfer-Cohen, A., Boaretto, E., Jakeli, N., Matskevich, Z. & Meshveliani, T. (2009): 30 000-Year-Old Wild Flax Fibers. Science 325:1359.

Londhe, S. (2008): A Tribute to Hinduism: Thoughts and Wisdom Spanning Continents and Time about India and her Culture. Published by Pragun Publications, New Delhi, India, Distributed by D.K. Publishers Distributors (P) Ltd.

Oppenheimer, A.L. (1954): The Seafaring Merchants of Ur. Journal of the American Oriental Society 74: 6–17.

Pellech, C. (2000): Crossing the Atlantic in early times. Migration & Diffusion 1:52–66.

Pellech, C. (2005): A 14-thousend-years old world sea map. Migration & Diffusion 6:6–40.

Pietschmann, H. (1990): Die Wahrheit liegt nicht in der Mitte. K. Thinemanns Verlag, Stuttgart [u.a.].

Rappenglück, M.A. (2000): Ice age people find their ways by the stars: Cueva di El Castillo (Spain) may represent the circumpolar constellation of the Northern

Crown (CrB). Migration & Diffusion 2:15–28.
Schöner, J. (1533): Opusculum geographicum ex diversorum libris ac cartis. Petrejus, Nürnberg.
Stanford, D. & Brandley, B. (2002): Ocean Trails and Prairie Paths? Thoughts about Clovins Origins. In: Jabblonski, N.G. (Ed.): The First Americans: The Pleistocene Colonization of the New World. Carlifornia Academy of Sciences, San Francisco.
Thurn, N. (2008): Die Geburt der Theorie aus dem Instrument – Über Bedienung und Bedeutung der antiken Instrumente Groma und Lyra. Wilhelm Fink Verlag, München.
Urania Kultur- und Bildungsverein Gotha e.V. (2005): Gothaer Geowissenschaftler in 220 Jahren. Urania Kultur- und Bildungsverein Gotha e.V., Gotha.
Westpfahl, V. (2013): Felsbildanalyse. Report passim.

Bildnachweis

Fig. 1 Wikipedia
Fig. 2 http://ancientastronautmysteries.blogspot.com
Fig. 3 Görlitz / Lorenz 2007
Fig. 4 Wikipedia
Fig. 5 Universität Mainz
Fig. 6 D.S. Johnson 1994
Fig. 7 Görlitz / Lorenz 2007
Fig. 8 Görlitz / Lorenz 2007
Fig. 9 Wikipedia

Fig. 10 Hertel & Hertel 1984
Fig. 11 http://ancientastronautmysteries.blogspot.com
Fig. 12 Görlitz 2010 nach Vorlage von W. Horn 1976
Fig. 13 Schöner
Fig. 14 http://ancientastronautmysteries.blogspot.com
Fig. 15 Wikipedia
Fig. 16 Wikipedia
Fig. 17 Görlitz / Lorenz 2007
Fig. 18 Görlitz / Lorenz 2007
Fig. 19 Görlitz 2010 nach Vorlage von Google Earth 2009
Fig. 20 Lorenz 2010
Fig. 21 Görlitz / Lorenz 2007
Fig. 22 Görlitz / Lorenz 2007
Fig. 23 Görlitz / Großmann 2009
Fig. 24 Görlitz 2010
Fig. 25 Görlitz 2007
Fig. 26 Fukazawa 2000
Fig. 27 nach Christine Pellech 2000
Fig. 28 nach Christine Pellech 2000
Fig. 29 Jean 1994
Fig. 30 Görlitz 2012
Fig. 31 nach Heinz und Kai-Helge Wirth 2007
Fig. 32 nach Clark 2004
Fig. 33 nach Alfonso Moure Romanillo 1991
Fig. 34 nach Alfonso Moure Romanillo 1991
Fig. 35 nach Juliane Stone
Fig. 36 Lencer 2006

Fig. 37 Wolfgang Knabe 2008 Königsbrunn
Fig. 38 Görlitz 2010 nach Vorlage von Google Earth 2009
Fig. 39 Granheim 2007
Fig. 40 Brand & Bowers 2010

Danksagung

Ich bedanke mich bei den vielen Menschen, die mir bei der Ausführung meiner Forschungsexpeditionen und der Erstellung dieser Arbeit geholfen haben. Zu meinen engsten Vertrauten und Förderern gehört seit vielen Jahren Gunter Lencer, der mich aktiv sowohl als Freund als auch durch seine Tätigkeit im Verein für Experimentelle Archäologie und Forschung Chemnitz e.V. unterstützt. Als Gothaer hat er immensen Anteil, dass das ABORA Projekt so fest mit Thüringen verbunden ist.

Bei Dr. Josephine Huppertz (Bonn) bedanke ich mich ganz herzlich für die jahrelange Unterstützung bei der Erforschung der frühen Seereisen prähistorischer Kulturen. Ebenfalls gilt mein Dank an Dieter Sassenberg (Siegen), Hans-Jürgen Steinbrück (Erfurt) und Peter Hertel (Freiberg) für die fachliche Beratung und kompetente Unterstützung bei der Erstellung dieses Beitrages.

An dieser Stelle möchte ich mich ganz herzlich bei meiner Lebensgefährtin Cornelia Lorenz für ihre Unterstützung auf meinen Forschungsreisen und der Anfertigung der Fotodokumentation über den Marmorglobus bedanken.

Mein Dank gilt auch den Mitarbeitern der Stiftung Schloss Friedenstein, die mir viel Hilfe bei der Vorbereitung und der Bereitstellung des Marmorglobus zukommen ließen.

Für das Korrekturlesen und die damit verbundenen Hinweise und Ratschläge möchte ich mich bei Heike Vogel, Roland Missbach, Andreas Müller und Dieter Sassenberg bedanken.

Hinweis

Wer mehr über den Marmorglobus und seine Bedeutung für die Forschungsreisen des gebürtigen Gothaers erfahren möchte, kann sich die dazugehörige Dokumentation „Ungelöste Rätsel der Entdeckergeschichte“ (58 min.) anschauen. Sie zeigt bisher unveröffentlichten Filmaufnahmen über die frühen Kartenwerke und erweckt mit speziellen Computersimulationen auch das Wandbild von El Castillo wieder zu neuem Leben. Und natürlich wird jedem Interessierten angeraten, einfach den Marmorglobus in der Sammlung der Stiftung Schloss Friedenstein Gotha zu besichtigen.
Mehr Informationen finden Sie auch unter: www.abora.eu/shop

Weitere Veröffentlichungen des Autors:

DVDs zum Thema:

(Ein Film über die Pyramiden von Gizeh „Das Cheopsprojekt“ erscheint voraussichtlich Ende 2013)

Die Musik-CD: